大数据可视化研究

丁 蕙 著

黄河水利出版社
·郑 州·

图书在版编目(CIP)数据

大数据可视化研究/丁蕙著.—郑州:黄河水利出版社,2019.10

ISBN 978-7-5509-2502-1

Ⅰ.①大… Ⅱ.①丁… Ⅲ.①数据处理-研究 Ⅳ.①TP274

中国版本图书馆 CIP 数据核字(2019)第 199922 号

出 版 社:黄河水利出版社

地址:河南省郑州市顺河路黄委会综合楼 14 层　　邮政编码:450003

发行单位:黄河水利出版社

发行部电话:0371-66026940、66020550、66028024、66022620(传真)

E-mail:hhslcbs@126.com

承印单位:河南匠之心印刷有限公司

开本:787 mm×1 092 mm　1/16

印张:8.75

字数:202 千字　　印数:1—1 000

版次:2019 年 10 月第 1 版　　印次:2019 年 10 月第 1 次印刷

定价:38.00 元

前 言

大数据时代下,各种数据信息充斥着人们的眼球,如何能在这些纷繁复杂的数据信息中高效地提取相关领域内关联数据已经成为重中之重。数据可视化技术的出现实现了用户与数据之间的交互,并让用户能够清晰明了地观察和分析数据信息,发现数据中的关联性。如今,各种新型的可视化技术的研究越来越普遍,目前主要的研究热点是多维数据、时态数据、层次数据和网络数据的可视化。

随着计算机技术、物联网技术以及现代各种智能终端技术的发展,大数据时代已经到来。大到企业、政府、媒体部门,小到个人每天都在进行着"读数"。这就要求需要一种有效的方法将有用的信息从海量信息中提取出来,并能即时生成某种关联结果,以供决策者做出正确的决策。数据可视化技术是指可视化技术在大数据方面的应用,将数据信息转化为视觉形式的过程,以此增强数据呈现的效果。用户可以以更加直观的交互方式进行数据观察和分析,从而发现数据之间的关联性。

面对海量的纷繁复杂的数据,研究人员需要从中找出某领域内相关有价值的数据并进行处理,这项工作无疑是枯燥且艰难的。因为大数据时代下的数据具有规模庞大且结构复杂的特点。对于用户而言他们需要在最短的时间内得到对这些数据最客观和全面的分析结果。数据可视化技术可以快速有效地提取数据信息并进行数据关联性处理,生成数据之间的关系,并呈现在用户面前,帮助用户观察与分析数据。因此,在大数据时代下数据可视化技术是一门十分有效的数据综合处理技术。

大数据可视化分析方法包括数据收集关联技术、原位交互分析技术、可视化分析技术、数据计算量化技术、面向工具和用户界面的交互技术以及数据存储技术等。目前,数据可视化技术已经用于人们生活的方方面面。从人们的生活社交,如一些交友软件,可以根据用户喜好和用户数据向用户推荐好友等,到人们的教育发展,如一些学习网站和学习移动终端的产生,通过数据可视化技术产生人机交互,为教育提供多种模式。再到天气、建筑、航天、金融等各行各业都需要数据可视化技术。

但是,大数据时代背景下也对数据可视化技术提出了更高的要求。数据信息的更新换代,发展速度之快要求数据可视化技术能够即时生成数据关联性。传统的数据可视化方法面对日益纷繁复杂的数据已经显得捉襟见肘,甚至已经无法及时高效地处理数据。因此,大数据时代的到来对于数据可视化的发展既是机遇,又带来了挑战,研究者们需要不断创新技术以满足日益扩大的需求。

由于作写时间和水平有限,尽管作者尽心尽力,反复推敲核实,但本书内容难免有疏漏及不妥之处,恳请广大读者批评指正,以便做进一步的修改和完善。

作 者

2019 年 6 月

目　录

第一章　大数据与大数据时代

第一节　大数据的基础内容

信息社会所带来的好处是显而易见的，几乎每个人口袋里都揣有一部手机，每台办公桌上都放着一台计算机，每间办公室内都连接着局域网甚至互联网。半个世纪以来，随着计算机技术全面和深入地融入社会生活，信息爆炸已经积累到了一个开始引发变革的程度。信息总量的变化导致了信息形态的变化——量变引起质变。最先经历信息爆炸的学科，如天文学和基因学，创造出了"大数据"（Big Data）这个概念。如今，大数据几乎应用到所有人类致力于发展的领域中。

一、数据与信息

数据是反映客观事物属性的记录，是信息的具体表现形式。数据经过加工处理之后，就成为了信息；而信息需要经过数字化转变成数据才能存储和传输。因此，数据和信息之间是相互联系的。

数据和信息也是有区别的。从信息论的观点来看，描述信源的数据是信息和数据冗余之和，即数据=信息+数据冗余。数据是数据采集时提供的，信息是从采集的数据中获取的有用信息，即信息可以简单地理解为数据中包含的有用的内容。

一个消息越不可预测，它所含的信息量就越大。事实上，信息的基本作用是消除人们对事物了解的不确定性。信息量是指从 N 个相等的可能事件中选出一个事件所需要的信息度量和含量。从这个定义看，信息量与概率是密切相关的。

二、天文学——信息爆炸的起源

综合观察社会各个方面的变化趋势，我们能真正意识到信息爆炸或者说大数据的时代已经到来。以天文学为例，2000 年斯隆数字巡天项目启动时，位于新墨西哥州的望远镜在短短几周内搜集到的数据，就比世界天文学历史上总共搜集的数据还要多。截至 2010 年，信息档案已经高达 1.4×2^{42}B。不过，2016 年底，在智利投入使用的大型视场全景巡天望远镜在 5 天之内即可获得同样多的信息。

天文学领域发生的变化在社会各个领域都在发生。2003 年，人类第一次破译人体基因密码时，辛苦工作了 10 年才完成了 30 亿对碱基对的排序。大约 10 年之后，世界范围内的基因仪每 15min 就可以完成同样的工作。在金融领域，美国股市每天的成交量高达 70 亿股，而其中 2/3 的交易都是由建立在数学模型和算法之上的计算机程序自动完成的，这些程序运用海量数据来预测利益和降低风险。

互联网公司更是要被数据淹没。谷歌公司每天要处理超过 24 拍字节（PB，2^{50}B）的数据，这意味着其每天的数据处理量是美国国家图书馆所有纸质出版物所含数据量的上千倍。

从科学研究到医疗保险，从金融业到互联网，各个不同的领域都在讲述着一个类似的故事，那就是爆发式增长的数据量。这种增长超过了人们创造机器的速度，甚至超过了人们的想象。人类存储信息量的增长速度比世界经济的增长速度快 4 倍，而计算机数据处理能力的增长速度则比世界经济的增长速度快 9 倍，每个人都受到了这种极速发展的冲击。

以纳米技术为例，纳米技术专注于把东西变小而不是变大。其原理就是：当事物到达分子级别时，它的物理性质就会发生改变。一旦知道这些新的性质，就可以用同样的原料做以前无法做的事情。铜本来是用来导电的物质，但它一旦到达纳米级别就不能在磁场中导电了。银离子具有抗菌性，但当它以分子形式存在时，这种性质就会消失。一旦到达纳米级别，金属可以变得柔软，陶土可以具有弹性。同样，当人们增加所利用的数据量时，也就可以做很多在小数据量的基础上无法完成的事情。

大数据的科学价值和社会价值正是体现在这里。一方面，对大数据的掌握程度可以转化为经济价值的来源；另一方面，大数据已经撼动了世界的方方面面，从科技到医疗、政府、教育、经济、人文以及社会的各个领域。尽管人们还处在大数据时代的初期，但人们的日常生活已经离不开它。

三、大数据的定义

所谓大数据，狭义上可以定义为：用现有的一般技术难以管理的大量数据的集合。对大量数据进行分析，并从中获得有用观点，这种做法在一部分研究机构和大企业中早已存在。现在的大数据和过去相比，主要有 3 点区别：第一，随着社交媒体和传感器网络等的发展，人们身边正产生出大量且多样的数据；第二，随着硬件和软件技术的发展，数据的存储、处理成本大幅下降；第三，随着云计算的兴起，大数据的存储、处理环境已经没有必要自行搭建。

所谓“用现有的一般技术难以管理”，是指用目前在企业数据库占据主流地位的关系型数据库无法进行管理的、具有复杂结构的数据。或者也可以说，是指由于数据量的增大，导致对数据的查询响应时间超出允许范围的庞大数据。

研究机构 Gartner 给出了这样的定义：“大数据”是需要新处理模式才能具有更强的决策力、洞察发现力和流程优化能力的海量、高增长率和多样化的信息资产。

麦肯锡说：“大数据指的是所涉及的数据集规模已经超过了传统数据库中软件获取、存储、处理和分析的能力。这是一个被故意设计成主观性的定义，并且是一个关于多大的数据集才能被认为是大数据的可变定义，即并不定义大于一个特定数字的 TB 才叫大数据。因为随着技术的不断发展，符合大数据标准的数据集容量也会增长；并且定义随不同的行业也有变化，这依赖于在一个特定行业通常使用何种软件和数据集有多大。因此，大数据在今天不同行业中的范围可以从几十 TB 到几 PB。”

随着“大数据”的出现，数据仓库、数据安全、数据分析、数据挖掘等围绕大数据商业价值的利用正逐渐成为行业人士争相追捧的利润焦点，在全球引领了又一轮数据技术革新的浪潮。

四、用 3V 描述大数据特征

从字面来看，“大数据”这个词可能会让人觉得只是容量非常大的数据集合而已。但容量只不过是大数据特征的一个方面，如果只拘泥于数据量，就无法深入理解当前围绕大数据所进行的讨论。因为“用现有的一般技术难以管理”这样的状况，并不仅仅是由于数据量增大这一个因素所造成的。

IBM（国际商业机器公司）认为：“可以用 3 个特征相结合来定义大数据：数量（Volume，或称容量）、种类（Variety，或称多样性）和速度（Velocity），或者就是简单的 3V，即庞大容量、极快速度和种类丰富的数据。”

1.Volume（数量）

用现有技术无法管理的数据量，从现状来看，基本上是指从几十 TB 到几 PB 这样的数量级。当然，随着技术的进步，这个数值也会不断变化。

如今，存储的数据数量正在急剧增长中，人们存储所有事物包括：环境数据、财务数据、医疗数据、监控数据等。有关数据量的对话已从 TB 级别转向 PB 级别，并且不可避免地会转向 ZB 级别。但是，随着可供企业使用的数据量不断增长，可处理、理解和分析的数据的比例却不断下降。

2.Variety（种类、多样性）

随着传感器、智能设备以及社交协作技术的激增，企业的数据也变得更加复杂，因为它不仅包含传统的关系型数据，还包含来自网页、互联网日志文件（包括单击流数据）、搜索索引、社交媒体论坛、电子邮件、文档、主动和被动系统的传感器数据等原始、半结构化和非结构化数据。

种类表示所有的数据类型。其中，爆发式增长的一些数据，如互联网上的文本数据、位置信息、传感器数据、视频等，用企业中主流的关系型数据库是很难存储的，它们都属于非结构化数据。当然，在这些数据中，有一些是过去就一直存在并保存下来的。与过去不同的是，除了存储，还需要对这些大数据进行分析，并从中获得有用的信息，例如监控摄像机中的视频数据。近年来，超市、便利店等零售企业几乎都配备了监控摄像机，最初目的是为了防范盗窃，但现在也出现了使用监控摄像机的视频数据来分析顾客购买行为的案例。

例如，美国高级文具制造商万宝龙（Montblanc）过去是凭经验和直觉来决定商品陈列布局的，现在尝试利用监控摄像头对顾客在店内的行为进行分析。通过分析监控摄像机的数据，将最想卖出去的商品移动到最容易吸引顾客目光的位置，使得销售额提高了 20%。

3.Velocity（速度）

数据产生和更新的频率，也是衡量大数据的一个重要特征。就像搜集和存储的数据量和种类发生了变化一样，生成和需要处理数据的速度也在变化。不要将速度的概念限定为与数据存储相关的增长速率，应动态地将此定义应用到数据，即数据流动的速度。有效处理大数据需要在数据变化的过程，对它的数量和种类进行分析，而不只是在它静止后执行分析。

例如,遍布全国的便利店在 24 h 内产生的 POS 机数据、电商网站中由用户访问所产生的网站点击流数据、高峰时达到每秒近万条的微信短文、全国公路上安装的交通堵塞探测传感器和路面状况传感器(可检测结冰、积雪等路面状态)等,每天都在产生着庞大的数据。

IBM 在 3V 的基础上又归纳总结了第四个"V"——Veracity(真实和准确)。只有真实而准确的数据才能让对数据的管控和治理真正有意义。随着社交数据、企业内容、交易与应用数据等新数据源的兴起,传统数据源的局限性被打破,企业愈发需要有效的信息治理以确保其真实性及安全性。

IDC(互联网数据中心)说:"大数据是一个貌似不知道从哪里冒出来的大的动力。但实际上,大数据并不是新生事物。然而,它确实正在进入主流,并得到重大关注,这是有原因的。廉价的存储、传感器和数据采集技术的快速发展、通过云和虚拟化存储设施增加的信息链路,以及创新软件和分析工具,正在驱动着大数据。大数据不是一个'事物',而是一个跨多个信息技术领域的动力/活动。大数据技术描述了新一代的技术和架构,其被设计用于:通过使用高速(Velocity)的采集、发现和/或分析,从超大容量(Volume)的多样(Variety)数据中经济地提取价值(Value)。"

这个定义除了揭示大数据传统的 3V 基本特征,还增添了一个新特征:Value(价值)。总之,大数据是个动态的定义,不同行业根据其应用的不同有着不同的理解,其衡量标准也在随着技术的进步而改变。

从广义层面上再为大数据下一个定义:"所谓大数据,是一个综合性概念,它包括因具备 3V 特征而难以进行管理的数据,对这些数据进行存储、处理、分析的技术,以及能够通过分析这些数据获得实用意义和观点的人才和组织。"

"存储、处理、分析的技术"指的是用于大规模数据分布式处理的框架 Hadoop、具备良好扩展性的 NoSQL 数据库,以及机器学习和统计分析等;"能够通过分析这些数据获得实用意义和观点的人才和组织"指的是目前十分紧俏的"数据科学家"这类人才,以及能够对大数据进行有效运用的组织。

五、大数据的结构类型

大数据具有多种形式,从高度结构化的财务数据,到文本文件、多媒体文件和基因定位图的任何数据,都可称为大数据。由于数据自身的复杂性,作为一个必然的结果,处理大数据的首选方法就是在并行计算的环境中进行大规模并行处理(Massively Parallel Processing,简称 MPP),这使得同时发生的并行摄取、并行数据装载和分析成为可能。实际上,大多数的大数据都是非结构化或半结构化的,这需要不同的技术和工具来处理和分析。

大数据最突出的特征是它的结构。未来数据增长的 80%~90%将来自于不是结构化的数据类型(半结构、准结构和非结构化)。

虽然有多重不同的、相分离的数据类型,实际上,有时这些数据类型是可以被混合在一起的。例如,有一个传统的关系数据库管理系统保存着一个软件支持呼叫中心的通话日志,这里有典型的结构化数据,如日期/时间戳、机器类型、问题类型、操作系统,这些都是在线支持人员通过图形用户界面上的下拉式菜单输入的。另外,还有非结构化数据或半结构化数据,如自由形式的通话日志信息,这些可能来自包含问题的电子邮件,或者技术问题和解决方案的实际通话描述。另外一种可能是与结构化数据有关的实际通话的语音日志或者音频文字实录。即使是现在,大多数分析人员还无法分析这种通话日志历史数据库中最普通和高度结构化的数据,因为挖掘文本信息是一项强度很大的工作,并且无法简单地实现自动化。

人们通常最熟悉结构化数据的分析,然而,半结构化数据(XML)、准结构化数据(网站地址字符串)和非结构化数据代表了不同的挑战,需要不同的技术来分析。

如今,人们不再认为数据是静止和陈旧的。但在以前,一旦达成了搜集数据的目的之后,数据就会被认为已经没有用处了。比如说,在飞机降落之后,票价数据就没有用了。又如,某城市的公交车因为价格不依赖于起点和终点,因此能够反映重要通勤信息的数据就可能被丢弃——设计人员如果没有大数据的理念,就会丢失掉很多有价值的数据。

今天,大数据是人们获得新的认知、创造新的价值的源泉,大数据还是改变市场、组织机构,以及政府与公民关系的方法。大数据时代对人们的生活,以及与世界交流的方式都提出了挑战。实际上,大数据的精髓在于人们分析信息时的 3 个转变,这些转变将改变人们理解和组建社会的方法,且是相互联系和相互作用的。

第二节　大数据思维转变

大数据时代的第一个转变是要分析与某事物相关的更多的数据,有时甚至可以处理和某个特别现象相关的所有数据,而不再是只依赖于分析随机采样的少量的数据样本。

19 世纪以来,当面临大量数据时,社会都依赖于采样分析。但是采样分析是信息缺乏时代和信息流通受限制的模拟数据时代的产物。以前人们通常把这看成是理所当然的限制,但高性能数字技术的流行让人们意识到,这其实是一种人为的限制。与局限在小数据范围相比,使用大数据为人们带来了更高的精确性,也让人们看到了一些以前样本无法揭示的细节信息。

在某些方面,人们依然没有完全意识到自己拥有了能够搜集和处理更大规模数据的能力,仍在信息匮乏的假设下做很多事情,假定自己只能搜集到少量信息。这是一个自我实现的过程,人们甚至发展了一些使用尽可能少的信息的技术。例如,统计学的一个目的就是用尽可能少的数据来证实尽可能重大的发现。事实上,人们形成了一种习惯,那就是在制度、处理过程和激励机制中尽可能地减少数据的使用。

一、小数据时代的随机采样

数千年来,政府一直都试图通过搜集信息来管理人民,只是到现在,小企业和个人才有可能拥有大规模搜集和分类数据的能力。

以人口普查为例。据说古代埃及曾进行过人口普查:这次由奥古斯都·恺撒主导实施的人口普查,提出了“每个人都必须纳税”。

1086 年的《末日审判书》对当时英国的人口、土地和财产做了一个前所未有的全面记载。皇家委员穿越整个国家对每个人、每件事都做了记载，然而，人口普查是一项耗资且费时的事情，尽管如此，当时搜集的信息也只是一个大概情况，实施人口普查的人也知道他们不可能准确地记录下每个人的信息。实际上，"人口普查"这个词来源于拉丁语的"censere"，本意就是推测、估算。

几百年前，一个名叫约翰·格朗特的英国缝纫用品商提出了一个很有新意的方法，来推算出鼠疫时期伦敦的人口数，这种方法就是后来的统计学。这个方法不需要一个人一个人地计算，也比较粗糙，但采用这个方法，人们可以利用少量有用的样本信息来获取人口的整体情况。虽然后来证实他能够得出正确的数据仅仅是因为运气好，但在当时他的方法大受欢迎。样本分析法一直都有较大的漏洞，因此，无论是进行人口普查还是其他大数据类的任务，人们还是一直使用清点这种"野蛮"的方法。

考虑到人口普查的复杂性以及耗时耗费的特点，政府极少进行普查。古罗马在拥有数十万人口时每 5 年普查一次。美国宪法规定每 10 年进行一次人口普查，而随着国家人口越来越多，只能以百万计数。直到 19 世纪，这样不频繁的人口普查依然很困难，因为数据变化的速度超过了人口普查局统计分析的能力。

中华人民共和国成立后，分别在 1953 年、1964 年和 1982 年举行过 3 次人口普查。这 3 次人口普查是不定期进行的，自 1990 年第四次全国人口普查开始改为定期进行。根据《中华人民共和国统计法实施细则》和国务院的决定以及国务院 2010 年颁布的《全国人口普查条例》规定，人口普查每 10 年进行一次，尾数逢 0 的年份为普查年度。两次普查之间，进行一次简易人口普查。2020 年为第七次全国人口普查时间。

中华人民共和国第一次人口普查的标准时间是 1953 年 6 月 30 日 24 时，所谓人口普查的标准时间，就是规定一个时间点，无论普查员入户登记在哪一天进行，登记的人口及其各种特征都是反映那个时间点的情况。根据上述规定，不管普查员在哪天进行入户登记，普查对象所申报的都应该是标准时间的情况。通过这个标准时间，所有普查员普查登记完成后，经过汇总就可以得到全国人口的总数和各种人口状况的数据。1953 年 11 月 1 日发布了人口普查的主要数据，当时全国人口总数为 601938035 人。

第六次人口普查的标准时间是 2010 年 11 月 1 日零时。2011 年 4 月，发布了第六次全国人口普查的主要数据，此次人口普查登记的全国总人口为 1339724852 人。与 2000 年第五次人口普查相比，10 年增加 7390 万人，增长 5.84%，年平均增长 0.57%，比 1990 年到 2000 年年均 1.07%的增长率下降了 0.5 个百分点。

美国在 1880 年进行的人口普查，耗时 8 年才完成数据汇总。因此，他们获得的很多数据都是过时的。1890 年进行的人口普查，预计要花费 13 年的时间来汇总数据。然而，税收分摊和国会代表人数确定都是建立在人口的基础上的，这些必须获得正确且及时的数据，很明显，人们已有的数据处理工具已经不适用当时的情况。后来，美国人口普查局就委托发明家赫尔曼·霍尔瑞斯（被称为现代自动计算之父）用他的穿孔卡片制表机来完成 1890 年的人口普查。

经过大量的努力，霍尔瑞斯成功地在 1 年时间内完成了人口普查的数据汇总工作。这在当时简直就是一个奇迹，它标志着自动处理数据的开端，也为后来 IBM 公司的成立奠定了基础。但是,将其作为搜集处理大数据的方法依然过于昂贵。毕竟,每个美国人都必须填一张可制成穿孔卡片的表格,然后再进行统计。对于一个跨越式发展的国家而言,10年一次的人口普查的滞后性已经让普查失去了大部分意义。

这就是问题所在,是利用所有的数据还是仅仅采用一部分呢?最明智的自然是得到有关被分析事物的所有数据,但是,当数量无比庞大时,这又不太现实。如何选择样本?事实证明,问题的关键是选择样本时的随机性。统计学家们证明,采样分析的精确性随着采样随机性的增加而大幅提高,但与样本数量的增加关系不大。虽然听起来很不可思议,但事实上,研究表明,当样本数量达到某个值之后,从新个体身上得到的信息会越来越少,就如同经济学中的边际效应递减一样。

在商业领域,随机采样被用来监管商品质量。这使得监管商品质量和提升商品品质变得更容易,花费也更少。以前,全面的质量监管要求对生产出来的每个产品进行检查,而现在只需从一批商品中随机抽取部分样品进行检查即可。本质上来说,随机采样让大数据问题变得更加切实可行。同理,它将客户调查引进了零售行业,将焦点讨论引进了政治界,也将许多人文问题变成了社会科学问题。

随机采样取得了巨大的成功,成为现代社会、现代测量领域的主心骨,但这只是一条捷径,是在不可搜集和分析全部数据的情况下的选择,它本身存在许多固有的缺陷。它的成功依赖于采样的绝对随机性,但是实现采样的随机性非常困难。一旦采样过程中存在任何偏见,分析结果就会相差甚远。此外,随机采样不适合考察子类别的情况。因为一旦继续细分,随机采样结果的错误率就会大大增加。因此,在宏观领域起作用的方法在微观领域却失去了作用。

二、大数据与乔布斯的癌症治疗

由于技术成本大幅下降以及在医学方面的广阔前景,个人基因排序(DNA分析)成为一门新兴产业。从2007年起,硅谷的新兴科技公司23andMe就开始分析人类基因,价格仅为几百美元。这可以揭示出人类遗传密码中一些会导致其对某些疾病抵抗力差的特征,如乳腺癌和心脏病。23andMe希望能通过整合顾客的DNA和健康信息,了解到用其他方式不能获取的新信息。公司对某人的一小部分DNA进行排序,标注出几十个特定的基因缺陷。这只是该人整个基因密码的样本,还有几十亿个基因碱基对未排序。最后,23andMe只能回答其标注过的基因组表现出来的问题。发现新标注时,该人的DNA必须重新排序,更准确地说,是相关的部分必须重新排列。只研究样本而不是整体,有利有弊,能更快更容易地发现问题,但不能回答事先未考虑到的问题。

苹果公司的传奇总裁史蒂夫·乔布斯在与癌症斗争的过程中采用了不同的方式,成为世界上第一个对自身所有DNA和肿瘤DNA进行排序的人。为此,他支付了高达几十万美元的费用,这是23andMe报价的几百倍之多。因此,他得到了包括整个基因密码的数据文档。

对于一个普通的癌症患者,医生只能期望他的DNA排列同试验中使用的样本足够相似。但是,史蒂夫·乔布斯的医生们能够基于乔布斯的特定基因组成,按所需效果用药。如果癌症病变导致药物失效,医生可以及时更换另一种药。乔布斯曾经开玩笑地说:“我要么是第一个通过这种方式战胜癌症的人,要么就是最后一个因为这种方式死于癌症的人。”虽然他的愿望都没有实现,但是这种获得所有数据而不仅是样本的方法还是将他的生命延长了好几年。

三、全数据模式:样本=总体

采样的目的是用最少的数据得到最多的信息,而当人们可以获得海量数据时,采样也就失去了意义。如今,感应器、手机导航、网站点击和微信等被动地搜集了大量数据,而计算机可以轻易地对这些数据进行处理——数据处理技术已经发生了翻天覆地的改变。

在很多领域,从搜集部分数据到搜集尽可能多的数据的转变已经发生。如果可能,人们会搜集所有的数据,即“样本=总体”,这是指人们能对数据进行深度探讨。

分析整个数据库,而不是对一个小样本进行分析,能够提高微观层面分析的准确性。因此,人们经常会放弃样本分析这条捷绎,而选择搜集全面而完整的数据。人们需要足够的数据处理和存储能力,也需要最先进的分析技术。同时,简单廉价的数据搜集方法也很重要。过去,这些问题中的任何一个都很棘手,在一个资源有限的时代,要解决这些问题需要付出很高的代价;但现在,解决这些难题已经变得简单容易得多。曾经只有大公司才能做到的事情,现在绝大部分的公司都可以做到。

四、接受数据的混杂性

大数据时代的第二个转变是人们乐于接受数据的纷繁复杂,而不再一味追求其精确性。在越来越多的情况下,使用所有可获取的数据变得更为可能,但为此也要付出一定的代价。数据量的大幅增加会造成结果的不准确,与此同时,一些错误的数据也会混进数据库。如何避免这些问题,适当忽略微观层面上的精确度会让人们在宏观层面拥有更好的洞察力。

1.允许不精确

对“小数据”而言,最基本、最重要的要求是减少错误,保证质量。因为搜集的信息量比较少,所以必须确保记录下来的数据尽量精确。无论是确定天体的位置还是观测显微镜下物体的大小,为了使结果更加准确,很多科学家都致力于优化测量的工具,发展了可以准确搜集、记录和管理数据的方法。在采样时,对精确度的要求更高更苛刻。因为搜集信息的有限性意味着细微的错误会被放大,甚至有可能影响整个结果的准确性。

然而,在不断涌现的新情况里,允许不精确的出现已经成为一个亮点。因为放松了容错的标准,人们掌握的数据也多了起来,还可以利用这些数据做更多新的事情。这样就不是大量数据优于少量数据那么简单了,而是大量数据创造了更好的结果。

同时,人们需要与各种各样的混乱作斗争。混乱,简单地说就是随着数据的增加,错误率也会相应增加。因此,如果桥梁的压力数据量增加1000倍,其中的部分读数就可能是错误的,而且随着读数量的增加,错误率可能也会继续增加。在整合来源不同的各类信息时,因为它们通常不完全一致,所以也会加大混乱程度。

混乱还可以指格式的不一致性,因为要达到格式一致,就需要在进行数据处理之前仔细地清洗数据,而这在大数据背景下很难做到。

当然,在萃取或处理数据时,混乱也会发生。因为在进行数据转化时,我们是在把它变成另外的事物。比如,葡萄是温带植物,温度是葡萄生长发育的重要因素,假设要测量一个葡萄园的温度,但是整个葡萄园只有一个温度测量仪,那就必须确保这个测量仪是精确的而且能够一直工作。反过来,如果每 100 棵葡萄树就有一个测量仪,有些测试的数据可能会是错误的,可能会更加混乱,但众多的读数合起来就可以提供一个更加准确的结果。因为这里面包含了更多的数据,而它不仅能抵消掉错误数据造成的影响,还能提供更多的额外价值。

大数据在多大程度上优于算法,这个问题在自然语言处理上表现得很明显。2000 年,微软研究中心的米歇尔·班科和埃里克·布里尔一直在寻求改进 Word 程序中语法检查的方法。但是他们不能确定是努力改进现有的算法、研发新的方法,还是添加更加细腻精致的特点更有效。因此,在实施这些措施之前,他们决定往现有的算法中添加更多的数据,看看会有什么不同的变化。很多对计算机学习算法的研究都建立在百万字左右的语料库基础上。最后,他们决定往 4 种常见的算法中逐渐添加数据,先是 1000 万字,再到 1 亿字,最后到 10 亿字。

结果有点令人吃惊,他们发现,随着数据的增多,4 种算法的表现都大幅提高。当数据只有 500 万时,有一种简单的算法表现得很差,但当数据达 10 亿时,它变成了表现最好的,准确率从原来的 75%提高到了 95%以上。与之相反,在少量数据情况下运行最好的算法,在加入更多的数据时,也会像其他的算法一样有所提高,但是却变成了在大量数据条件下运行最不好的。

后来,班科和布里尔在他们发表的研究论文中写到,"如此一来,我们得重新衡量一下更多的人力物力是应该消耗在算法发展上还是在语料库发展上。"

2.大数据的简单算法与小数据的复杂算法

20 世纪 40 年代,计算机由真空管制成,要占据整个房间这么大的空间。而机器翻译也只是计算机开发人员的一个想法。因此,计算机翻译也成了亟待解决的问题。

最初,计算机研发人员打算将语法规则和双语词典结合在一起。1954 年,IBM 以计算机中的 250 个词语和 6 条语法规则为基础,将 60 个俄语词组翻译成英语,结果振奋人心。IBM 701 通过穿孔卡片读取了一句话,并将其译成了"我们通过语言来交流思想"。在庆祝这个成就的发布会上,一篇报道提到这 60 句话翻译得很流畅。这个程序的指挥官利昂·多斯特尔特表示,他相信"在三五年后,机器翻译将会变得很成熟"。

事实证明,计算机翻译最初的成功误导了人们。1966 年,一群机器翻译的研究人员意识到,翻译比他们想象的更困难,他们不得不承认自己的失败。机器翻译不能只是让计算机熟悉常用规则,还必须教会计算机处理特殊的语言情况。毕竟,翻译不仅仅是记忆和复述,也涉及选词,而明确地教会计算机这些非常不现实。

在 20 世纪 80 年代后期,IBM 的研发人员提出了一个新的想法。与单纯教给计算机语言规则和词汇相比,他们试图让计算机自己估算一个词或一个词组适合用来翻译另一种语言中的一个词和词组的可能性,然后再决定某个词和词组在另一种语言中的对等词和词组。

20 世纪 90 年代,IBM 这个名为 Candide 的项目花费了大概十年的时间,将大约有 300

万句之多的加拿大议会资料译成了英语和法语并出版。由于是官方文件,翻译的标准非常高。用那个时候的标准来看,数据量非常之庞大。统计机器学习从诞生之日起就聪明地把翻译的挑战变成了一个数学问题,而这似乎很有效,计算机翻译能力在短时间内就提高了很多。但这次飞跃之后,IBM 公司尽管投入了很多资金,但取得的成效不大。最终,IBM 公司停止了这个项目。

2006 年,谷歌公司也开始涉足机器翻译,这被当作实现“搜集全世界的数据资源,并让人人都可享受这些资源”这个目标的一个步骤。谷歌翻译开始利用一个更大更繁杂的数据库,也就是全球的互联网,而不再只利用两种语言之间的文本翻译。

为了训练计算机,谷歌翻译系统会吸收它能找到的所有翻译。它从各种各样语言的公司网站上寻找对译文档,还会寻找联合国和欧盟这些国际组织发布的官方文件和报告的译本。它甚至会吸收速读项目中的书籍翻译。谷歌翻译部的负责人弗朗兹·奥齐是机器翻译界的权威,他指出:“谷歌的翻译系统不会像 Candide 一样只是仔细地翻译 300 万句话,它会掌握用不同语言翻译的质量参差不齐的数十亿页的文档。”不考虑翻译质量的话,上万亿的语料库就相当于 950 亿句英语。

尽管其输入源很混乱,但较其他翻译系统,谷歌的翻译质量相对而言还是最好的,而且可翻译的内容更多。到 2012 年年中,谷歌数据库涵盖了 60 多种语言,甚至能够接受 14 种语言的语音输入,并有很流利的对等翻译。之所以能做到这些,是因为它将语言视为能够判别可能性的数据,而不是语言本身。如果要将印度语译成加泰罗尼亚语,谷歌就会把英语作为中介语言。因为在翻译时它能适当增减词汇,所以谷歌的翻译比其他系统的翻译灵活很多。

谷歌的翻译之所以更好并不是因为它拥有一个更好的算法机制,而是因为谷歌翻译增加了很多各种各样的数据。从谷歌的例子来看,它之所以能比 IBM 的 Candide 系统多利用成千上万的数据,是因为它接受了有错误的数据。2006 年,谷歌发布的上万亿的语料库,就是来自于互联网的一些废弃内容。这就是“训练集”,可以正确地推算出英语词汇搭配在一起的可能性。

谷歌公司人工智能专家彼得·诺维格在一篇题为《数据的非理性效果》的文章中写道:“大数据基础上的简单算法比小数据基础上的复杂算法更加有效。”他们指出混杂是关键。“由于谷歌语料库的内容来自于未经过滤的网页内容,因此会包含一些不完整的句子、拼写错误、语法错误以及其他错误。况且,它也没有详细的人工纠错后的注解。但是,谷歌语料库的数据优势完全压倒了缺点”。

3.纷繁的数据越多越好

通常传统的统计学家都很难容忍错误数据的存在,在搜集样本时,他们会用一整套的策略来减少错误发生的概率。在结果公布之前,他们也会测试样本是否存在潜在的系统性偏差。这些策略包括根据协议或通过受过专门训练的专家来采集样本。但是,即使只是少量的数据,这些规避错误的策略实施起来还是耗费巨大。尤其是当搜集所有数据时,在大规模的基础上保持数据搜集标准的一致性不太现实。

如今,人们已经生活在信息时代,人们掌握的数据库也越来越全面,包括了与这些现象相关的大量甚至全部数据。人们不再需要那么担心某个数据点对整套分析的不利影响,要做的就是要接受这些纷繁的数据并从中受益,而不是以高昂的代价消除所有的不确定性。

在华盛顿州布莱恩市的英国石油公司(BP)切里波因特炼油厂中,无线感应器遍布整个工厂,形成无形的网络,能够产生大量实时数据。在这里,酷热的恶劣环境和电气设备的存在有时会对感应器读数有所影响,形成错误的数据。但是数据生成的数量之多可以弥补这些小错误。随时监测管道的承压使得 BP 能够了解到有些种类的原油比其他种类更具有腐蚀性。以前,这都是无法发现也无法防止的。

有时候,当人们掌握了大量新型数据时,精确性就不那么重要了,人们同样可以掌握事情的发展趋势。除一开始会与人们的直觉相矛盾外,接受数据的不精确和不完美反而能够更好地进行预测,也能够更好地理解这个世界。

值得注意的是,错误性并不是大数据本身固有的特性,而是一个亟需人们去处理的现实问题,并且有可能长期存在,它只是人们用来测量、记录和交流数据的工具的一个缺陷。因为拥有更大数据量所能带来的商业利益远远超过增加一点精确性,所以通常人们不会再花大力气去提升数据的精确性。这又是一个关注焦点的转变,正如以前,统计学家们总是把他们的兴趣放在提高样本的随机性而不是数量上。如今,大数据带来的利益,让人们能够接受不精确的存在。

4. 5%的数字数据与 95%的非结构化数据

据估计,只有 5%的数字数据是结构化的且能适用于传统数据库。如果不接受混乱,剩下 95%的非结构化数据都无法被利用,如网页和视频资源。

如何看待使用所有数据和使用部分数据的差别,以及如何选择放松要求并取代严格的精确性,将会让人与世界的沟通产生深刻的影响。随着大数据技术成为日常生活中的一部分,人们应该开始从一个比以前更大更全面的角度来理解事物,也就是说应该将“样本=总体”植人人们的思维中。

相比依赖于小数据和精确性的时代,大数据更强调数据的完整性和混杂性,帮助人们进一步接近事实的真相。当视野局限在可以分析和能够确定的数据上时,人们对世界的整体理解就可能产生偏差和错误,不仅失去了尽力搜集一切数据的动力,也失去了从各个不同角度来观察事物的权利。

大数据要求人们有所改变,人们必须能够接受混乱和不确定性。精确性似乎一直是人们生活的支撑,但认为每个问题只有一个答案的想法是站不住脚的。

五、数据的相关关系

在传统观念下,人们总是致力于找到一切事情发生的背后原因,然而很多时候,寻找数据间的关联并利用这种关联就已足够。这些思想上的重大转变导致第三个变革:人们尝试着不再探求难以捉摸的因果关系,转而关注事物的相关关系。相关关系也许不能准确地告知人们某件事情为何会发生,但是它会提醒人们这件事情正在发生。在许多情况下,这种提醒的帮助已经足够大。

如果数百万条电子医疗记录显示橙汁和阿司匹林的特定组合可以治疗癌症,那么找出具体的药理机制就没有这种治疗方法本身来得重要。同样,只要知道什么时候是买机票的最佳时机，就算不知道机票价格疯狂变动的原因也无所谓。大数据告诉我们“是什么”，而不是“为什么”。在大数据时代，不必知道现象背后的原因，只须让数据自己发声。人们不再需要在还没有搜集数据之前，就把分析建立在早已设立的少量假设的基础之上。让数据发声，会注意到很多以前从来没有意识到的联系的存在。

1.关联物，预测的关键

虽然在小数据世界中相关关系也是有用的，但如今在大数据的背景下，通过应用相关关系，人们可以比以前更容易、更快捷、更清楚地分析事物。

所谓相关关系，其核心是指量化两个数据值之间的数理关系。相关关系强是指当一个数据值增加时，另一个数据值很有可能也会随之增加。我们已经看到过这种很强的相关关系，如谷歌流感趋势：在一个特定的地理位置，越多的人通过谷歌搜索特定的词条，该地区就有更多的人患了流感。相反，相关关系弱就意味着当一个数据值增加时，另一个数据值几乎不会发生变化。例如，我们可以寻找关于个人的鞋码和幸福的相关关系，但会发现它们几乎扯不上什么关系。

相关关系通过识别有用的关联物来帮助人们分析一个现象，而不是通过揭示其内部的运作机制。当然，即使是很强的相关关系也不一定能解释每一种情况，比如两个事物看上去行为相似，但很有可能只是巧合。相关关系没有绝对性，只有可能性。也就是说，不是亚马逊推荐的每本书都是顾客想买的书。但是，如果相关关系强，一个相关链接成功的概率还是很高的。这一点很多人可以证明，他们的书架上有很多书都是因为亚马逊推荐而购买的。

通过找到一个现象的良好的关联物，相关关系可以帮助人们捕捉现在和预测未来。如果 A 和 B 经常一起发生，那我们只需要注意到 B 发生了，就可以预测 A 也发生了。这有助于我们捕捉可能和 A 一起发生的事情，即使不能直接测量或观察到 A。

更重要的是，它还可以帮助我们预测未来可能发生什么。当然，相关关系是无法预知未来的，它们只能预测可能发生的事情，但是，这已极其珍贵。

在大数据时代，建立在相关关系分析法基础上的预测是大数据的核心。这种预测发生的频率非常高，以至于人们经常忽略了它的创新性。当然，它的应用会越来越多。

在社会环境下寻找关联物只是大数据分析法采取的一种方式。同样有用的一种方法是通过找出新种类数据之间的相互联系来解决日常需要。比如说，一种称为预测分析法的方法就被广泛地应用于商业领域，它可以预测事件的发生。这可以指一个能发现可能的流行歌曲的算法系统——音乐界广泛采用这种方法来确保它们看好的歌曲真的会流行；也可以指那些用来防止机器失效和建筑倒塌的方法。现在，在机器、发动机和桥梁等基础设施上放置传感器变得越来越平常，这些传感器被用来记录散发的热量、振幅、承压和发出的声音等。

一个东西要出故障，不会是瞬间的，而是慢慢地出问题。通过搜集所有的数据，人们可以预先捕捉到事物要出故障的信号，比如发动机的嗡嗡声、引擎过热都说明它们可能要出故障了。系统把这些异常情况与正常情况进行对比，就会知道什么地方出了毛病。通过尽早发现异常，系统可以提醒人们在故障之前更换零件或者修复问题。通过找出一个关联物并监控它，人们就能预测未来。

2.“是什么”,而不是“为什么”

在小数据时代,相关关系分析和因果分析都不容易且耗费巨大,都要从建立假设开始,然后进行实验——这个假设要么被证实要么被推翻。但是,由于两者都始于假设,这些分析就都有受偏见影响的可能,极易导致错误。与此同时,用来做相关关系分析的数据很难得到。

另一方面,在小数据时代,由于计算机能力的不足,大部分相关关系分析仅限于寻求线性关系。而事实上,实际情况远比人们所想象的要复杂。经过复杂的分析,人们能够发现数据的非线性关系。

多年来,经济学家和政治家一直认为收人水平和幸福感是成正比的。从数据图表上可以看到,虽然统计工具呈现的是一种线性关系,但事实上,它们之间存在一种更复杂的动态关系。例如,对于收入水平在 1 万美元以下的人来说,一旦收入增加,幸福感会随之提升;但对于收入水平在 1 万美元以上的人来说,幸福感并不会随着收入水平提高而提升。如果能发现这层关系,人们看到的就应该是一条曲线,而不是统计工具分析出来的直线。

这个发现对决策者来说非常重要。如果只看到线性关系,那么政策重心应完全放在增加收入上,因为这样才能增加全民的幸福感。而一旦察觉到这种非线性关系,策略的重心就会变成提高低收入人群的收入水平,因为这样明显更划算。

大数据时代,专家们正在研发能发现并可以对比分析非线性关系的技术工具。一系列飞速发展的新技术和新软件也从多方面提高了相关关系分析工具发现非因果关系的能力。这些新的分析工具和思路为人们开阔了一系列新的视野,看到了很多以前不曾注意到的联系,还掌握了以前无法理解的复杂技术和社会动态。但最重要的是通过去探求“是什么”而不是“为什么”,相关关系帮助人们更好地了解世界。

3.通过相关关系了解世界

传统情况下,人类是通过因果关系了解世界的。首先,人们的直接愿望就是了解因果关系,即使无因果联系存在,人们还是会假定其存在。研究证明,这只是人们的认知方式,与每个人的文化背景、生长环境以及教育水平无关。当看到两件事情接连发生的时候,人们会习惯性地从因果关系的角度来看待它们。在小数据时代,很难证明由直觉而来的因果联系是错误的。而将来,大数据之间的相关关系,将经常会用来证明直觉的因果联系是错误的。最终表明,统计关系也不蕴含多少真实的因果关系。总之,人们的快速思维模式将会遭受各种各样的现实考验。

与因果关系不同,证明相关关系的实验耗资少,费时也少。与之相比,分析相关关系既有数学方法,也有统计学方法,同时,数字工具也能帮人们准确地找出相关关系。

相关关系分析本身意义重大,同时它也为研究因果关系奠定了基础。通过找出可能相关的事物,人们可以在此基础上进行进一步的因果关系分析。如果存在因果关系,人们再进一步找出原因,这种便捷的机制通过实验降低了因果分析的成本。也可以从相互联系中找到一些重要的变量,这些变量可以用到验证因果关系的实验中。

例如,Kaggle 公司举办了一场关于二手车的质量竞赛。二手车经销商将二手车数据提供给参加比赛的统计学家们,统计学家们用这些数据建立一个算法系统来预测经销商拍卖的哪些车有可能出现质量问题。相关关系分析表明，橙色的车有质量问题的可能性只有其他车的一半。

这难道是因为橙色车的车主更爱车，所以车被保护得更好吗？或是这种颜色的车子在制造方面更精良些吗？还是因为橙色的车更显眼、出车祸的概率更小，所以转手时各方面的性能保持得更好？

人们应该陷人各种各样谜一样的假设中。若要找出相关关系，可以用数学方法，但如果是因果关系的话，这却是行不通的。因此，没必要一定要找出相关关系背后的原因，当人们知道了“是什么”的时候，“为什么”其实就没那么重要了，否则就会催生一些滑稽的想法。比方说上面提到的例子里，是不是应该建议车主把车漆换成橙色呢？毕竟，考虑到这些，如果把以确凿数据为基础的相关关系和通过快速思维构想出的因果关系相比，前者就更具有说服力。但在越来越多的情况下，快速清晰的相关关系分析甚至比慢速的因果分析更有用和更有效。慢速的因果分析集中体现为通过严格控制的实验来验证的因果关系，而这必然是非常耗时耗力的。

在大多数情况下，一旦完成了对大数据的相关关系分析，而又不再满足于仅仅知道“是什么”时，人们就会继续向更深层次研究因果关系，找出背后的“为什么”。

因果关系还是有用的，但是它将不再被看成是意义来源的基础。在大数据时代，即使很多情况下，我们依然希望用因果关系来说明所发现的相互联系，但是，我们知道因果关系只是一种特殊的相关关系。相反，大数据推动了相关关系分析。相关关系分析通常情况下能取代因果关系，即使在不可取代的情况下，它也能指导因果关系起作用。

第二章　大数据采集及预处理

第一节　大数据的采集

一、数据采集

大数据的数据采集是在确定用户目标的基础上，针对该范围内所有结构化、半结构化和非结构化的数据的采集，采集后对这些数据进行处理，从中分析和挖掘出有价值的信息。在大数据的采集过程中，其主要特点和面临的挑战是成千上万的用户同时进行访问和操作而引起的高并发数。如 12306 火车票售票网站在 2015 年春运火车票售卖的最高峰时，网站访问量（PV 值）在一天之内达到的最高纪录为 297 亿次。

在专家指导下，利用高性能计算体系结构，进行的成指数增长的数据采集，是一个不断增长的分析所谓大数据的过程。高性能的数据采集和数据分析提供具有高性能计算的最新趋势，即全面可视化图形体系结构。主要包括大数据和高性能计算分析、大规模并行处理数据库、内存分析、实现大数据平台的机器学习算法、文本分析、分析环境、分析生命周期和一般应用，以及各种不同的情况。

大数据出现之前，计算机所能够处理的数据都需要在前期进行相应的结构化处理，并存储在相应的数据库中。但大数据技术对于数据的结构要求大大降低，互联网上人们留下的社交信息、地理位置信息、行为习惯信息、偏好信息等各种维度的信息都可以实时处理，传统的数据采集与大数据的数据采集对比，如表 2-1 所示。

表 2-1　传统数据采集与大数据的采集对比

名称	传统的数据采集	大数据的数据采集
数据来源	来源单一，数据量相对较小	来源广泛，数据量巨大
数据类型	结构单一	数据类型丰富，包括结构化、半结构化、非结构化
数据处理	关系型数据库和并行数据仓库	分布式数据库

二、数据采集的数据来源

按照数据来源划分，大数据的三大主要来源为商业数据、互联网数据与物联网数据。其中，商业数据来自于企业 ERP 系统、各种 POS 终端及网上支付系统等业务系统；互联网数据来自于通信记录及 QQ、微信、微博等社交媒体；物联网数据来自于射频识别装置、全球定位设备、传感器设备、视频监控设备等。

1. 商业数据

商业数据是指来自于企业 ERP（Enterprise Resource Planning，企业资源计划）系统、各种 POS(Point of Sale)终端及网上支付系统等业务系统的数据,是现在最主要的数据来源渠道。世界上最大的零售商沃尔玛每小时收集到 2.5PB 的数据,存储的数据量是美国国会图书馆的 167 倍。沃尔玛详细记录了消费者的购买清单、消费额、购买日期、购买当天天气和气温,通过对消费者的购物行为等非结构化数据进行分析,发现商品关联,并优化商品陈列。沃尔玛不仅采集这些传统商业数据,还将数据采集的触角伸入到了社交网络数据中。当用户在 Facebook 和 Twitter 谈论某些产品或者表达某些喜好时,这些数据都会被沃尔玛记录下来并加以利用。

2.互联网数据

互联网数据是指网络空间交互过程中产生的大量数据,包括通信记录及 QQ、微信、微博等社交媒体产生的数据,其数据复杂且难以被利用。例如,社交网络数据所记录的大部分是用户的当前状态信息,同时还记录着用户的年龄、性别、所在地、教育、职业和兴趣等。

互联网数据具有大量化、多样化、快速化等特点。

(1)大量化:在信息化时代背景下网络空间数据增长迅猛,数据集合规模已实现从 GB 到 PB 的飞跃,互联网数据则需要通过 ZB 表示。在未来互联网数据的发展中还将实现近 50 倍的增长,服务器数量也将随之增长,以满足大数据存储。

(2)多样化:互联网数据的类型具有多样化,例如,结构化数据、半结构化数据和非结构化数据。互联网数据中的非结构化数据正在飞速地增长,据相关调查统计,在 2012 年底非结构化数据在网络数据总量中占 77%左右,非结构化数据的产生与社交网络以及传感器技术的发展有着直接联系。

(3)快速化:互联网数据一般情况下以数据流形式快速产生,且具有动态变化性特征,其时效性要求用户必须准确掌握互联网数据流才能更好地利用这些数据。

3.物联网数据

物联网是指在计算机互联网的基础上,利用射频识别、传感器、红外感应器、无线数据通信等技术,构造一个覆盖世界上万事万物的“The Internet of things”,也就是“实现物物相连的互联网络”。其内涵包含两个方面:一是物联网的核心和基础仍是互联网,是在互联网基础之上延伸和扩展的一种网络;二是其用户端延伸和扩展到了任何物品与物品之间进行信息交换和通信。物联网的定义是:通过射频识别(Radio Frequency Identification,简称 RFID)装置、传感器、红外感应器、全球定位系统、激光扫描器等信息传感设备,按约定的协议,把任何物品与互联网相连接,以进行信息交换和通信,从而实现智慧化识别、定位、跟踪、监控和管理的一种网络体系。

物联网数据是除了人和服务器,在射频识别、物品、设备、传感器等节点产生的大量数据,包括射频识别装置、音频采集器、视频采集器、传感器、全球定位设备、办公设备、家用设备和生产设备等产生的数据。物联网数据的特点如下。

(1)物联网中的数据量更大。物联网的最主要特征之一是节点的海量性,其数量规模远大于互联网;物联网节点的数据生成频率远高于互联网,如传感器节点多数处于全时工作状态,数据流是持续的。

(2)物联网中的数据传输速率更高。由于物联网与真实物理世界直接关联,很多情况下需要实时访问、控制相应的节点和设备,因此需要高数据传输速率来支持。

(3)物联网中的数据更加多样化。物联网涉及的应用范围广泛,包括智慧城市、智慧交通、智慧物流、商品溯源、智能家居、智慧医疗、安防监控等;在不同领域、不同行业,需要面对不同类型、不同格式的应用数据,因此物联网中数据多样性更为突出。

(4)物联网对数据真实性的要求更高。物联网是真实物理世界与虚拟信息世界的结合,其对数据的处理以及基于此进行的决策将直接影响物理世界,物联网中数据的真实性显得尤为重要。

以智能安防应用为例,智能安防行业已从大面积监控布点转变为注重视频智能预警、分析和实战,利用大数据技术从海量的视频数据中进行规律预测、情境分析、串并侦查、时空分析等。在智能安防领域,数据的产生、存储和处理是智能安防解决方案的基础,只有采集足够有价值的安防信息,通过大数据分析以及综合研判模型,才能制定智能安防决策。

因此,在信息社会中,几乎所有行业的发展都离不开大数据的支持。

三、数据采集的技术方法

数据采集技术是信息科学的重要组成部分,已广泛应用于国民经济和国防建设的各个方面,并且随着科学技术的发展,尤其是计算机技术的发展与普及,数据采集技术具有更广阔的发展前景。大数据的采集技术是大数据处理的关键技术之一。

1.系统日志采集方法

很多互联网企业都有自己的海量数据采集工具,多用于系统日志采集,如 Hadoop 的 Chukwa、Cloudera 的 Flume、Facebook 的 Scribe 等。这些系统采用分布式架构,能满足每秒数百 MB 的日志数据采集和传输需求。例如,Scribe 是 Facebook 开源的日志收集系统,能够从各种日志源上收集日志,存储到一个中央存储系统(可以是 NFS、分布式文件系统等)上,以便于进行集中统计分析处理,它为日志的“分布式收集,统一处理”提供了一个可扩展的、高容错的方案。

2.对非结构化数据的采集

非结构化数据的采集就是针对所有非结构化的数据的采集,包括企业内部数据的采集和网络数据采集等。企业内部数据的采集是对企业内部各种文档、视频、音频、邮件、图片等数据格式之间互不兼容的数据采集。

网络数据采集是指通过网络爬虫或网站公开 API(Application Programming Interface,应用程序编程接口)等方式从网站上获取互联网中相关网页内容的过程,并从中抽取出用户所需要的属性内容。互联网网页数据处理,就是对抽取出来的网页数据进行内容和格式上的处理、转换和加工,使之能够适应用户的需求并存储下来,供以后使用。该方法可以将非结构化数据从网页中抽取出来,将其存储为统一的本地数据文件,并以结构化的方式存储。它支持图片、音频、视频等文件或附件的采集,附件与正文可以自动关联。除了网络中包含的内容,对于网络流量的采集可以使用 DPI(Deep Packet Inspection,深度包检测)或 DFI(Deep/Dynamic Flow Inspection,深度/动态流检测)等带宽管理技术进行处理。

网络爬虫是一种按照一定的规则自动地抓取万维网信息的程序或者脚本,它是一个自动提取网页的程序,为搜索引擎从万维网上下载网页,是搜索引擎的重要组成。

目前网络数据采集的关键技术为链接过滤,其实质是判断一个链接(当前链接)是不是在一个链接集合(已经抓取过的链接)里。在对网页大数据的采集中,可以采用布隆过滤器(Bloom Filter)来实现对链接的过滤。

3.其他数据采集方法

对于企业生产经营数据或学科研究数据等保密性要求较高的数据,可以通过与企业或研究机构合作,使用特定系统接口等相关方式采集数据。

尽管大数据技术层面的应用无限广阔,但由于受到数据采集的限制,能够用于商业应用、服务于人们的数据要远远小于理论上大数据能够采集和处理的数据。因此,解决大数据的隐私问题是数据采集技术的重要目标之一。现阶段的医疗机构数据更多来源于内部,外部的数据没有得到很好的应用。对于外部数据,医疗机构可以考虑借助如百度、阿里、腾讯等第三方数据平台解决数据采集难题。

第二节　大数据的预处理

要对海量数据进行有效的分析,应该将这些来自前端的数据导入一个集中的大型分布式数据库,或者分布式存储集群,并且可以在导入基础上做一些简单的清洗和预处理工作。导入与预处理过程的特点和挑战主要是导入的数据量大,通常用户每秒的导人量会达到百兆,甚至千兆级别。

根据大数据的多样性,决定了经过多种渠道获取的数据种类和数据结构都非常复杂,这就给之后的数据分析和处理带来了极大的困难。通过大数据的预处理这一步骤,将这些结构复杂的数据转换为单一的或便于处理的结构,为以后的数据分析打下良好的基础。由于所采集的数据里并不是所有的信息都是必需的,而是掺杂了很多噪声和干扰项,因此还需要对这些数据进行“去噪”和“清洗”,以保证数据的质量和可靠性。常用的方法是在数据处理的过程中设计一些数据过滤器,通过聚类或关联分析的规则方法将无用或错误的离群数据挑出来过滤掉,防止其对最终数据结果产生不利的影响,然后将这些整理好的数据进行集成和存储。现在一般的解决方法是针对特定种类的数据信息分门别类的放置,可以有效地减少数据查询和访问的时间,提高数据提取速度。

大数据预处理的方法主要包括数据清洗、数据集成、数据变换和数据规约。

1.数据清洗

数据清洗是在汇聚多个维度、多个来源、多种结构的数据之后,对数据进行抽取、转换和集成加载。在这个过程中,除了更正、修复系统中的一些错误数据,更多的是对数据进行归并整理,并储存到新的存储介质中。

常见的数据质量问题可以根据数据源的多少和所属层次分为以下4类。

(1)单数据源定义层:违背字段约束条件(日期出现1月0日)、字段属性依赖冲突(两条记录描述同一个人的某一个属性,但数值不一致)、违反唯一性(同一个主键ID出现了多次)。

(2)单数据源实例层:单个属性值含有过多信息、拼写错误、空白值、噪音数据、数据重复、过时数据等。

(3)多数据源定义层:同一个实体的不同称呼(笔名和真名)、同一种属性的不同定义(字段长度定义不一致、字段类型不一致等)。

(4)多数据源实例层:数据的维度、粒度不一致(有的按 GB 记录存储量,有的按 TB 记录存储量;有的按照年度统计,有的按照月份统计)、数据重复、拼写错误。

此外,还有在数据处理过程中产生的"二次数据",包括数据噪声、数据重复或错误的情况。数据的调整和清洗涉及格式、测量单位和数据标准化与归一化。数据不确定性有两方面含义,数据自身的不确定性和数据属性值的不确定性。前者可用概率描述,后者有多重描述方式,如描述属性值的概率密度函数、以方差为代表的统计值等。

大数据的清洗工具主要有 Data Wrangler 和 Google Refine 等。Data Wrangler 是一款由斯坦福大学开发的在线数据清洗、数据重组软件,主要用于去除无效数据,将数据整理成用户需要的格式等。Google Refine 设有内置算法,可以发现一些拼写不一样但实际上应分为一组的文本;除了数据管家功能,Google Refine 还提供了一些有用的分析工具,例如,排序和筛选。

2.数据集成

在大数据领域中,数据集成技术也是实现大数据方案的关键组件。大数据集成是将大量不同类型的数据原封不动的保存在原地,而将处理过程适当的分配给这些数据。这是一个并行处理的过程,当在这些分布式数据上执行请求后,需要整合并返回结果。

数据集成,狭义上讲是如何合并规整数据;广义上讲,数据的存储、移动、处理等与数据管理有关的活动。数据集成一般需要将处理过程分布到源数据上进行并行处理,并仅对结果进行集成。这是因为如果预先对数据进行合并会消耗大量的处理时间和存储空间。集成结构化、半结构化和非结构化的数据时需要在数据之间建立共同的信息联系,这些信息可以表示为数据库中的主数据或者键值、非结构化数据中的元数据标签或者其他内嵌内容。

目前,数据集成已被推至信息化战略规划的首要位置。要实现数据集成的应用,不仅要考虑集成的数据范围,还要从长远发展的角度考虑数据集成的架构、能力和技术等方面内容。

3.数据变换

数据变换是将数据转换成适合挖掘的形式。数据变换是采用线性或非线性的数学变换方法将多维数据压缩成较少维数的数据,消除它们在时间、空间、属性及精度等特征表现方面的差异。

4.数据规约

数据规约是从数据库或数据仓库中选取并建立使用者感兴趣的数据集合,然后从数据集合中滤掉一些无关、偏差或重复的数据。

第三章　大数据分析与 Hadoop

第一节　大数据分析研究

一、大数据分析简介

在方兴未艾的大数据时代,人们要掌握大数据分析的基本方法和分析流程,从而探索出大数据中蕴含的规律与关系,解决实际问题。

1.大数据分析

大数据分析是指对规模巨大的数据进行分析。通过多个学科技术的融合,实现数据的采集、管理和分析,从而发现新的知识和规律。大数据时代的数据分析首先要解决的是海量、结构多变、动态实时的数据存储与计算问题,这些问题在大数据解决方案中至关重要,决定大数据分析的最终结果。

通过美国福特公司利用大数据分析促进汽车销售的案例,可以初步认识大数据分析。分析过程如下。

1)提出问题

用大数据分析技术来提升汽车销售业绩。一般汽车销售商的普通做法是投放广告,动辄就是几百万元,而且很难分清广告促销的作用到底有多大。大数据技术不一样,它可以通过对某个地区可能会影响购买汽车意愿的源数据进行收集和分析,从而获得促进销售的解决方案。

2)大数据采集

分析团队搜索采集数据,如这个地区的房屋市场、新建住宅、库存和销售数据、就业率等;还可利用与汽车相关的网站上的数据,如客户搜索了哪些汽车、哪一种款式、汽车的价格、车型配置、汽车功能、汽车颜色等;再有获取第三方合同网站、区域经济数据等。

3)大数据分析

对采集的数据进行分析挖掘,为销售提供精准可靠的分析结果,即提供多种可能的促销分析方案。

4)大数据可视化

根据数据分析结果实施有针对性的促销计划,如在需求量旺盛的地方有专门的促销计划,哪个地区的消费者对某款汽车感兴趣,相应广告就被送到其电子邮箱和地区的报纸上,非常精准,只需要较少费用。

5)效果评估

跟传统的广告促销相比,通过大数据的创新营销,福特公司花了很少的钱,做了大数据分析产品,也可叫大数据促销模型,大幅度地提高了汽车的销售业绩。

2. 大数据分析的基本方法

大数据分析可以分为以下 5 种基本方法。

1) 预测性分析

大数据分析最普遍的应用就是预测性分析，从大数据中挖掘出有价值的知识和规则，通过科学建模的手段呈现出结果，然后可以将新的数据代入模型，从而预测未来的情况。

例如，麻省理工学院的研究者创建了一个计算机预测模型来分析心脏病患者丢弃的心电图数据。他们利用数据挖掘和机器学习在海量的数据中筛选，发现心电图中出现三类异常者一年内死于第二次心脏病发作的机率比未出现者高 1～2 倍。这种新方法能够预测出更多的、无法通过现有的风险筛查被探查出的高危病人。

2) 可视化分析

不管是对数据分析专家还是普通用户，他们对于大数据分析最基本的要求就是可视化分析，因为可视化分析能够直观地呈现大数据的特点，同时能够非常容易被地用户所接受。可视化可以直观地展示数据，让数据自己说话，让观众听到结果，数据可视化是数据分析工具最基本的要求。

3) 大数据挖掘算法

可视化分析结果是给用户看的，而数据挖掘算法是给计算机看的，通过让机器学习算法，按人的指令工作，从而呈现给用户隐藏在数据之中的有价值的结果。大数据分析的理论核心就是数据挖掘算法，算法不仅要考虑数据的量，也要考虑处理的速度，目前在许多领域的研究都是在分布式计算框架上对现有的数据挖掘理论加以改进，进行并行化、分布式处理。

常用的数据挖掘方法有分类、预测、关联规则、聚类、决策树、描述和可视化、复杂数据类型挖掘（Text、Web、图形图像、视频、音频）等，有很多学者对大数据挖掘算法进行了研究和文献发表。例如，有文献提出了对适合慢性病分类的 C4.5 决策树算法进行改进，对基于 MapReduce 编程框架进行算法的并行化改造；有文献提出对数据挖掘技术中的关联规则算法进行研究，并通过引入了兴趣度对经典 Apriori 算法进行改进，提出了一种基于 MapReduce 的改进的 Apriori 医疗数据挖掘算法。

4) 语义引擎

数据的含义就是语义。语义技术是从词语所表达的语义层次上来认识和处理用户的检索请求。

语义引擎通过对网络中的资源对象进行语义上的标注以及对用户的查询表达进行语义处理，使得自然语言具备语义上的逻辑关系，能够在网络环境下进行广泛有效的语义推理，从而更加准确、全面地实现用户的检索。大数据分析广泛应用于网络数据挖掘，可从用户的搜索关键词来分析和判断用户的需求，从而实现更好的用户体验。

例如，一个语义搜索引擎试图通过上下文来解读搜索结果，它可以自动识别文本的概念结构。如有人搜索“选举”，语义搜索引擎可能会获取包含“投票”、“竞选”和“选票”的文本信息，但是“选举”这个词可能根本没有出现在这些信息来源中，也就是说语义搜索可以对关键词的相关词和类似词进行解读，从而扩大搜索信息的准确性和相关性。

5)数据质量和数据管理

数据质量和数据管理是指为了满足信息利用的需要,而对信息系统的各个信息采集点进行规范,包括建立模式化的操作规程、原始信息的校验、错误信息的反馈、矫正等一系列的过程。大数据分析离不开数据质量和数据管理,高质量的数据和有效的数据管理,无论是在学术研究还是在商业应用领域,都能够保证分析结果的真实性和有价值性。

3.大数据处理流程

整个处理流程可以分解为提出问题、数据理解、数据采集、数据预处理、大数据分析、数据分析结果解析等。

1)提出问题

大数据分析就是解决具体业务问题的处理过程,这需要在具体业务中提炼出准确的实现目标,也就是首先要制定具体需要解决的问题。

2)数据理解

大数据分析是为了解决业务问题,理解问题要基于业务知识,数据理解就是利用业务知识来认识数据。如大数据分析“饮食与疾病的关系”和“糖尿病与高血压的发病关系”,这些分析都需要对相关医学知识有足够的了解才能理解数据并进行分析。只有对业务知识有深入的理解,才能在大数据中找准分析指标和进一步衍生出来的指标,从而抓住问题的本质,挖掘出有价值的结果。

3)数据采集

传统的数据采集来源单一,且存储、管理和分析数据量也相对较小,大多采用关系型数据库和并行数据仓库即可处理。大数据的采集可以通过系统日志采集方法、对非结构化数据采集方法、企业特定系统接口等相关方式采集,如用户利用多个数据库来接收来自客户端(Web、APP或者传感器等)的数据。

4)数据预处理

如果要对海量数据进行有效的分析,应该将数据导入到一个集中的大型分布式数据库或者分布式存储集群,并且可以在导入基础上做一些简单的清洗和预处理工作。也有一些用户会在导入时对数据进行流式计算,来满足部分业务的实时计算需求。导入与预处理过程的特点和挑战主要是导入的数据量大,每秒的导入量经常会达到百兆,甚至千兆级别。

5)大数据分析

大数据分析包括对结构化、半结构化及非结构化数据的分析,主要利用分布式数据库,或者分布式计算集群来对海量数据进行分析,如分类汇总、基于各种算法的高级别计算等,涉及的数据量和计算量都很大。

6)数据分析结果解析

对用户来讲,最关心的是数据分析结果与解析,对结果的理解可以通过合适的展示方式,如可视化和人机交互等技术来实现。

二、大数据分析的主要技术

1.深度学习

1)深度学习的概念

深度学习是一种能够模拟出人脑的神经结构的机器学习方式,从而让计算机具有人一样的智慧。其利用层次化的架构学习出对象在不同层次上的表达,这种层次化的表达可以帮助解决更加复杂抽象的问题。在层次化中,高层的概念通常是通过低层的概念来定义的,深度学习可以对人类难以理解的底层数据特征进行层层抽象,从而提高数据学习的精度。让计算机模仿人脑的机制来分析数据,建立类似人脑的神经网络进行机器学习,从而实现对数据有效的表达、解释和学习,这种技术在将来是前景无限的。

2)深度学习的应用

近几年,深度学习在语音、图像以及自然语言理解等应用领域取得了一系列重大进展。在自然语言处理等领域主要应用于机器翻译以及语义挖掘等方面,国外的 IBM、Google 等公司都快速地进行了语音识别的研究;国内的阿里巴巴、科大讯飞、百度、中科院自动化所等公司或研究单位,也在进行语音识别上的深度学习与研究。

深度学习在图像领域也取得了一系列进展。如微软推出的网站 How-old,用户可以上传自己的照片"估龄"。系统根据照片会对瞳孔、眼角、鼻子等 27 个"面部地标点"展开分析,判断照片上人物的年龄。

2.知识计算

1)知识计算的概念

知识计算首先是从大数据中获得有价值的知识,并对其进行进一步深入的计算和分析的过程。也就是要对数据进行高端的分析,需要从大数据中先抽取出有价值的知识,并把它构建成可支持查询、分析与计算的知识库。知识计算是目前国内外工业界开发和学术界研究的一个热点。知识计算的基础是构建知识库,知识库中的知识是显式的知识。通过利用显式的知识,人们可以进一步计算出隐式知识。知识计算包括属性计算、关系计算、实例计算等。

2)知识计算的应用

目前,世界各个组织建立的知识库多达 50 种,相关的应用系统更是达到了上百种。如维基百科等在线百科知识构建的知识库 DBpedia、YAG、Omega、WikiTaxonomy;Google 创建了至今世界上最大的知识库,名为 Knowledge Vault,它通过算法自动搜集网上信息,通过机器学习把数据变成可用知识,目前,Knowledge Vault 已经收集了 16 亿件事件。知识库除改善人机交互外,也会推动现实增强技术的发展,Knowledge Vault 可以驱动一个现实增强系统,让人们从头戴显示屏上了解现实世界中的地标建筑、商业网点等信息。

知识图谱泛指各种大型知识库,是把所有不同种类的信息连接在一起而得到的一个关系网络。这个概念最早由 Google 提出,提供了从"关系"的角度去分析问题的能力,知识图谱就是机器大脑中的知识库。

在国内,中文知识图谱的构建与知识计算也有大量的研究和开发应用。具有代表性的有中国科学院计算技术研究所的 OpenKN、中国科学院数学研究院提出的知件(Knowware)、上海交通大学最早构建的中文知识图谱平台 Zhishi.me、百度推出的中文知识图谱搜索、搜狗推出的知立方平台、复旦大学 GDM 实验室推出的中文知识图谱展示平台等,这些知识库必将使知识计算发挥更大的作用。

三、大数据分析处理系统简介

针对不同业务需求的大数据,应采用不同的分析处理系统。国内外的互联网企业都在基于开源性面向典型应用的专用化系统进行开发。

1.批量数据及处理系统

1)批量数据

批量数据通常是数据体量巨大,如数据从 TB 级别跃升到 PB 级别,且是以静态的形式存储,这种批量数据往往是从应用中沉淀下来的数据,如医院长期存储的电子病历等。对这样数据的分析通常使用合理的算法,才能进行数据计算和价值发现。大数据的批量处理系统适用于先存储后计算,实时性要求不高,但数据的准确性和全面性要求较高的场景。

2)批量数据分析处理系统

Hadoop 是典型的大数据批量处理架构,由 HDFS(Hadoop Distributed File System, Hadoop 分布式文件系统)负责静态数据的存储,并通过 MapReduce 实现计算逻辑、机器学习和数据挖掘算法。

2.流式数据及处理系统

1)流式数据

流式数据是一个无穷的数据序列,序列中的每一个元素来源不同,格式复杂,序列往往包含时序特性。在大数据背景下,流式数据处理常见于服务器日志的实时采集,将 PB 级数据的处理时间缩短到秒级。数据流中的数据格式可以是结构化的、半结构化的甚至是非结构化的,数据流中往往含有错误元素、垃圾信息等,因此,流式数据的处理系统要有很好的容错性及不同结构的数据分析能力,还要完成数据的动态清洗、格式处理等。

2)流式数据分析处理系统

流式数据处理有 Twitter 的 Storm、Facebook 的 Scribe、Linkedin 的 Samza 等。其中 Storm 是一套分布式、可靠、可容错的用于处理流式数据的系统,其流式处理作业被分发至不同类型的组件,每个组件负责一项简单的、特定的处理任务。Storm 系统有以下特性。

(1)简单的编程:类似于 MapReduce 的操作,降低了并行批处理与实时处理的复杂性。

(2)容错性:如果出现异常,Storm 将以一致的状态重新启动处理以恢复正确状态。

(3)水平扩展:其流式计算过程是在多个线程和服务器之间并行进行的。

(4)快速可靠的消息处理:Storm 利用 ZeroMQ 作为消息队列,极大地提高了消息传递的速度,任务失败时,它会负责从消息源重试消息。

3.交互式数据及处理系统

1)交互式数据

交互式数据是操作人员与计算机以人机对话的方式产生的数据,操作人员提出请求,数据以对话的方式输入，计算机系统便提供相应的数据或提示信息，引导操作人员逐步地完成所需的操作，直至获得最后处理结果。交互式数据处理灵活、直观、便于控制，采用这种方式，存储在系统中的数据文件能够被及时地处理修改，同时处理结果可以立刻被使用。

2）交互式数据分析处理系统

交互式数据处理系统有 Berkeley 的 Spark 和 Google 的 Dremel 等。Spark 是一个基于内存计算的可扩展的开源集群计算系统。

4.图数据及处理系统

1）图数据

图数据是通过图形表达出来的信息含义。图自身的结构特点可以很好地表示事物之间的关系。图数据中主要包括图中的节点以及连接节点的边。在图中，顶点和边实例化构成各种类型的图，如标签图、属性图、特征图以及语义图等。

2）图数据分析处理系统

图数据处理有一些典型的系统，如 Google 的 Pregel 系统、Neo4j 系统和 Microsoft 的 Trinity 系统。Trinity 是推出的一款建立在分布式云存储上的计算平台，可以提供高度并行查询处理、事务记录、一致性控制等功能。Trinity 主要使用内存存储，磁盘仅作为备份存储。Trinity 有以下特点。

（1）数据模型是超图：超图中，一条边可以连接任意数目的图顶点，此模型中图的边称为超边，超图比简单图的适用性更强，保留的信息更多。

（2）并发性：可以配置在一台或上百台计算机上，提供了一个图分割机制。

（3）具有数据库的一些特点：是一个基于内存的图数据库，有丰富的数据库特点。

（4）支持批处理：支持大型在线查询和离线批处理，并且支持同步和不同步批处理计算。

四、大数据分析的应用

大数据分析有广泛的应用，以下从互联网和医疗领域为例，介绍大数据的应用。

1.互联网领域大数据分析的典型应用

（1）用户行为数据分析。如精准广告投放、行为习惯和喜好分析、产品优化等。

（2）用户消费数据分析。如精准营销、信用记录分析、活动促销、理财等。

（3）用户地理位置数据分析。如 O2O（Online To Offline，在线离线/线上到线下）推广、商家推荐、交友推荐等。

（4）互联网金融数据分析。如 P2P（Peer To Peer）、小额贷款、支付、信用、供应链金融等。

（5）用户社交等数据分析。如流行元素分析、舆论监控分析、社会问题分析等。

2.医疗领域大数据分析的典型应用

（1）公共卫生：分析疾病模式和追踪疾病暴发及传播方式途径，提高公共卫生监测和反应速度。更快更准确地研制靶向疫苗，如开发每年的流感疫苗。

（2）循证医学：分析各种结构化和非结构化数据，如电子病历、财务和运营数据、临床资料和基因组数据,从而寻找与病症信息相匹配的治疗方案、预测疾病的高危患者或提供更多高效的医疗服务。

(3)基因组分析:更有效和低成本的执行基因测序,使基因组分析成为正规医疗保健决策的必要信息并纳入病人病历记录。

(4)设备远程监控:从住院和家庭医疗装置采集与分析实时大容量的快速移动数据,用于安全监控和不良反应的预测。

(5)病人资料分析:全面分析病人个人信息,找到能从特定保健措施中获益的个人。

(6)疾病预测:如预测特定病人的住院时间,哪些病人会选择非急需性手术,哪些病人不会从手术治疗中受益,哪些病人会更容易出现并发症等。

(7)临床操作:相对更有效的医学研究,发展出临床相关性更强和成本效益更高的方法用来诊断和治疗病人。

3.应用案例:某互联网公司对用户行为数据进行实时分析

分析步骤如下。

(1)首先提出分析方案:制定测试分析策略,数据来源于网站用户行为数据,数据量是 90 天的细节数据,约 50 亿条。

(2)简单测试:先通过 5 台 PC Server,导入 1~2 天的数据,演示如何进行 ETL,如何做简单应用。

(3)实际数据导入:按照制定的测试方案,开始导入 90 天的数据,在导入数据中解决以下问题:①解决步长问题(每次导入记录条数),有效访问次数。②解决 HBase 数据和 SQL Server 数据的关联问题等。

(4)数据源及数据特征分析。

90 天的数据量:Web 数据 7 亿条,App 数据 37 亿条,总估计在 50 亿条。

每个表有 20 多个字段,一半字符串类型,一半数值类型,一行数据估计 2000B。

每天导入 5000 万行,约 100GB 存储空间,100 天是 10TB 的数据量。

50 亿条数据若全部导入需要 900GB 的存储量(压缩比是 11:1)。

假设同时装载到内存中分析的量在 1/3,那总共需要 300GB 的内存。

(5)硬件设计方案。

总共配制需要 300G 的内存。5 台 PC Server,每台内存:64GB,4CPU 4Core。

机器角色:一台 Naming、Map,一台 Client、Reduce、Map,其余三台都是 Map。

(6)ETL(Extract Transform Load)过程(将数据从来源端经过抽取、转换、加载至目的端的过程)。

历史数据集中导:每天的细节数据和 SQL Server 关联后,打上标签,再导入集市。

增量数据自动导:每天导入数据,生成汇总数据。

维度数据被缓存:细节数据按照日期打上标签,跟缓存的维度数据关联后入集市。

(7)系统配置:系统内部管理、内存参数等配置。

(8)互联网用户行为分析结果。

浏览器分析:运行时间、有效时间、启动次数、覆盖人数等。

主流网络电视:浏览总时长、有效流量时长、浏览次(PV)数覆盖占有率、一天内相同访客多次访问网站、只计算为一个独立访客(UV)占有率等。

主流电商网站:在线总时长、有效在线总时长、独立访问量、网站覆盖量等。

主流财经网站:在线总时长、有效总浏览时长、独立访问量、总覆盖量等。

(9)技术上分析测试结果。

90 天数据,近 10TB 的原始数据,大部分的分析查询都是被秒级响应。

实现了 Hbase 数据与 SQL Server 中维度表关联分析的需求。

(10)分析测试的经验总结。

由于事先做了预算限制,投人并不大,并且解决了 Hive 不够实时的问题。

第二节　Hadoop 应用研究

一、Hadoop 简介

Hadoop 是一个由 Apache 基金会所开发的分布式系统基础架构。Hadoop 是以分布式文件系统(Hadoop Distributed File System,简称 HDFS)和 MapReduce 等模块为核心,为用户提供细节透明的系统底层分布式基础架构。用户可以利用 Hadoop 轻松地组织计算机资源,搭建自己的分布式计算平台,并且可以充分地利用集群的计算和存储能力,完成海量数据的处理。

1.Hadoop 简史

1)Hadoop 起源

Hadoop 这个名称是由它的创始人 Doug Cutting 命名的,来源于 Doug Cutting 儿子的棕黄色大象玩具,它的发音是[hædu:p]。

Hadoop 起源于 2002 年 Doug Cutting 和 Mike Cafarella 开发的 Apache Nutch 项目。Nutch 项目是一个开源的网络搜索引擎,Doug Cutting 主要负责开发的是大范围文本搜索库。随着互联网的飞速发展,Niitch 项目组意识到其构架无法扩展到拥有数十亿网页的网络,随后在 2003 年和 2004 年,Google 先后推出了两个支持搜索引擎而开发的软件平台。这两个平台一个是谷歌文件系统(Google File System,简称 GFS),用于存储不同设备所产生的海量数据;另一个是 MapReduce,它运行在 GFS 之上,负责分布式大规模数据的计算。基于这两个平台,在 2006 年初,Doug Cutting 和 Mike Cafarella 从 Nutch 项目转移出来一个独立的模块,称为 Hadoop。

截至 2016 年初,Apache Hadoop 版本分为两代。第一代 Hadoop 称为 Hadoop1.0,第二代 Hadoop 称为 Hadoop2.0。第一代 Hadoop 包含三个版本,分别是 0.20.x、0.21.x 和 0.22.x。第二代 Hadoop 包含两个版本,分别是 0.23.x 和 2.x。其中,第一代 Hadoop 由一个分布式文件系统 HDFS 和一个离线计算框架 MapReduce 组成;第二代 Hadoop 则包含一个支持 NameNode 横向扩展的 HDFS,一个资源管理系统 Yarn 和一个运行在 Yarn 上的离线计算框架 MapReduce。相比之下,Hadoop2.0 功能更加强大,扩展性更好,并且能够支持多种计算框架。目前,最新的版本是 2016 年初发布的 Hadoop2.7.2。

2）Hadoop 的特点

Hadoop 可以高效地存储并管理海量数据，同时分析这些海量数据以获取更多有价值的信息。Hadoop 中的 HDFS 可以提高读写速度和扩大存储容量，因为 HDFS 具有优越的数据管理能力，并且是基于 Java 语言开发的，具有容错性高的特点，所以 Hadoop 可以部署在低廉的计算机集群中。Hadoop 中的 MapReduce 可以整合分布式文件系统上的数据，保证快速地分析处理数据，与此同时还采用存储冗余数据来保证数据的安全性。

如早期使用 Hadoop 是在 Internet 上对搜索关键字进行内容分类。要对一个 10TB 的巨型文件进行文本搜索，使用传统的系统将需要耗费很长的时间。但是 Hadoop 在设计时就考虑到这些技术的瓶颈问题，采用并行执行机制，因此能大大地提高效率。

2.Hadoop 应用和发展趋势

Hadoop 的应用获得了学术界的广泛关注和研究，已经从互联网领域向电信、电子商务、银行、生物制药等领域拓展。在短短的几年中，Hadoop 已经成为迄今为止最为成功、最广泛使用的大数据处理主流技术和系统平台，在各个行业尤其是互联网行业获得了广泛的应用。

1）国外 Hadoop 的应用现状

（1）Facebook：Facebook 使用 Hadoop 存储内部日志与多维数据，并以此作为报告、分析和机器学习的数据源。目前 Hadoop 集群的机器节点超过 1400 台，共计 11200 个核心 CPU，超过 15PB 原始存储容量，每个商用机器节点配置了 8 核 CPU，12TB 数据存储，主要使用 StreamingAPI 和 JavaAPI 编程接口。Facebook 同时在 Hadoop 的基础上建立了一个名为 Hive 的高级数据仓库框架，Hive 已经正式成为基于 Hadoop 的 Apache 一级项目。

（2）Yahoo：Yahoo 是 Hadoop 的最大支持者，截至 2012 年，Yahoo 的 Hadoop 机器总节点数目超过 420000 个，有超过 10 万的核心 CPU 在运行 Hadoop。最大的一个单节点集群有 4500 个节点，每个节点配置了 4 核 CPU，4X1TB 磁盘。总的集群存储容量大于 350PB，每月提交的作业数目超过 1000 万个。

（3）eBay：单集群超过 532 节点集群，单节点 8 核心 CPU，容量超过 5.3PB 存储。大量使用 MapReduce 的 Java 接口、Pig、Hive 来处理大规模的数据，还使用 HBase 进行搜索优化和研究。

（4）IBM：IBM 蓝云也利用 Hadoop 来构建云基础设施，IBM 蓝云使用的技术包括 Xen 和 PowerVM 虚拟化的 Linux 操作系统映像及 Hadoop 并行工作量调度，并发布了自己的 Hadoop 发行版及大数据解决方案。

2）国内 Hadoop 的应用现状

（1）百度：百度在 2006 年就开始关注 Hadoop 并开始调研和使用，在 2012 年其总的集群规模达到数十个，单集群超过 2800 台机器节点，Hadoop 机器总数有上万台机器，总的存储容量超过 100PB，已经使用的超过 74PB，每天提交的作业数目有数千个之多，每天的输入数据量已经超过 7500TB，输出超过 1700TB。

（2）阿里巴巴：阿里巴巴的 Hadoop 集群截至 2012 年大约有 3200 台服务器，大约 30000 物理 CPU 核心，总内存 100TB，总的存储容量超过 60PB，每天的作业数目超过 150000 个，Hive query 查询大于 6000 个，扫描数据量约为 7.5PB，扫描文件数约为 4 亿，存储利用率大约为 80%,CPU 利用率平均为 65%,峰值可以达到 80%。阿里巴巴的 Hadoop 集群拥有 150 个用户组、4500 个集群用户,为淘宝、天猫、一淘、聚划算、CBU、支付宝提供底层的基础计算和存储服务。

(3)腾讯:腾讯也是最早使用 Hadoop 的中国互联网公司之一,腾讯的 Hadoop 集群机器总量超过 5000 台,最大单集群约为 2000 个节点,并利用 Hadoop-Hive 构建了自己的数据仓库系统。腾讯的 Hadoop 为腾讯各个产品线提供基础云计算和云存储服务。

(4)京东:京东从 2013 年起,根据自身业务高速发展的需求,自主研发了京东 HadoopNameNodeCluster 解决方案。该方案主要为了解决两个瓶颈问题:一个是随着存储文件的增加,机器的内存会逐渐地增加,已经达到了内存的瓶颈;另一个是随着集群规模的扩大,要求快速响应客户端的请求,原有系统的性能出现了瓶颈。该方案以 CloudemCDH3 作为基础,并在其上进行了大量的改造和自主研发。

3)Hadoop 的发展趋势

随着互联网的发展,新的业务模式还将不断涌现。在以后相当长的一段时间内,Hadoop 系统将继续保持其在大数据处理领域的主流技术和平台的地位,同时其他种种新的系统也将逐步与 Hadoop 系统相互融合和共存。

从数据存储的角度看,前景是乐观的。用 HDFS 进行海量文件的存储,具有很高的稳定性。在 Hadoop 生态系统中,使用 HBase 进行结构化数据存储,其适用范围广,可扩展性强,技术比较成熟,在未来的发展中占有稳定的一席之地。

从数据处理的角度看,存在一定问题。MapReduce 目前存在问题的本质原因是其擅长处理静态数据,处理海量动态数据时必将造成高延迟。由于 MapReduce 的模型比较简单,造成后期编程十分困难,一个简单的计数程序也需要编写很多代码。相比之下,Spark 的简单高效能更好地适用于数据挖掘与机器学习等需要迭代的 MapReduce 的算法。

Hadoop 作为大数据的平台和生态系统,已经步入稳步理性的增长阶段。Hadoop 在未来和其他技术一样,面临着自身新陈代谢和周围新技术的挑战,期待未来 Hadoop 跟上时代的发展,不断地更新改进相关技术,成为处理海量数据的基础平台。

二、Hadoop 的架构与组成

Hadoop 分布式系统基础框架具有创造性和极大的扩展性,用户可以在不了解分布式底层细节的情况下,开发分布式程序,充分利用集群的威力高速运算和存储。

Hadoop 的核心组成部分是 HDFS、MapReduce 以及 Common,其中 HDFS 提供了海量数据的存储,MapReduce 提供了对数据的计算,Common 为其他模块提供了一系列文件系统和通用文件包。

1.Hadoop 架构介绍

Hadoop 主要部分的架构如图 3-1 所示。Hadoop 的核心模块包含 HDFS、MapReduce 和 Common。HDFS 是分布式文件系统;MapReduce 提供了分布式计算编程框架;Common 是 Hadoop 体系最底层的一个模块,为 Hadoop 各模块提供基础服务。

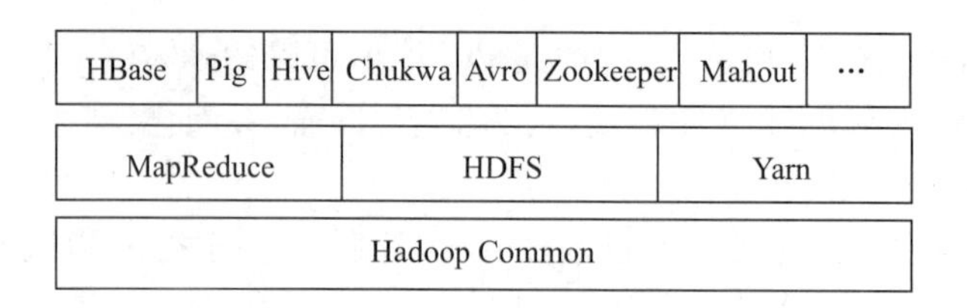

图 3-1　Hadoop 主要部分的架构

对比 Hadoop1.0 和 Hadoop2.0,其核心部分变化如图 3-2 所示。

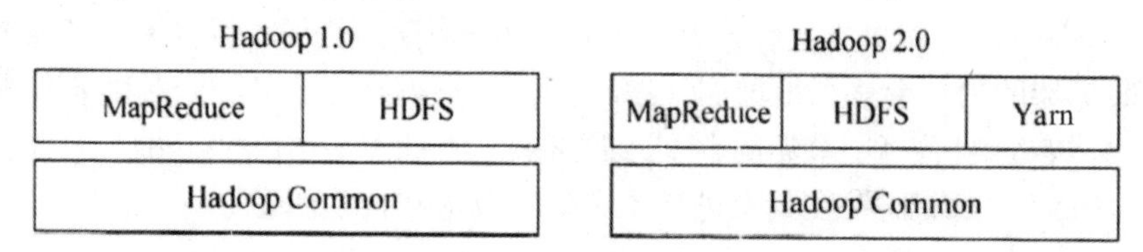

图 3-2　Hadoop1.0 和 Hadoop2.0 核心对比图

其中 Hadoop2.0 中的 Yarn 是在 Hadoop1.0 中的 MapReduce 基础上发展而来的,主要是为了解决 Hadoop1.0 扩展性较差且不支持多计算框架而提出的。

2.Hadoop 组成模块

1)HDFS

HDFS 是 Hadoop 体系中数据存储管理的基础。它是一个高度容错的系统,能检测和应对硬件故障,用于在低成本的通用硬件上运行。HDFS 简化了文件的一致性模型,通过流式数据访问,提供高吞吐量应用程序数据访问功能,适合带有大型数据集的应用程序。

2)MapReduce

MapReduce 是一种编程模型,用于大规模数据集(大于 1TB)的并行运算。MapReduce 将应用划分为 Map 和 Reduce 两个步骤,其中 Map 对数据集上的独立元素进行指定的操作,生成键值对形式的中间结果。Reduce 则对中间结果中相同"键"的所有"值"进行规约,以得到最终结果。MapReduce 这样的功能划分,非常适合在大量计算机组成的分布式并行环境里进行数据处理。MapReduce 以 JobTracker 节点为主,分配工作以及负责和用户程序通信。

3)Common

从 Hadoop 2.0 版本开始,HadoopCore 模块更名为 Common。Common 是 Hadoop 的通用工具,用来支持其他的 Hadoop 模块。实际上 Common 提供了一系列文件系统和通用 I/O的文件包,这些文件包供 HDFS 和 MapReduce 公用。它主要包括系统配置工具、远程过程调用、序列化机制和抽象文件系统等。它们为在廉价的硬件上搭建云计算环境提供基本的服务,并且为运行在该平台上的软件开发提供了所需的 API。其他 Hadoop 模块都是在 Common 的基础上发展起来的。

4)Yarn

Yarn 是 Apache 新引入的子模块,与 MapReduce 和 HDFS 并列。由于在老的框架中,作业跟踪器负责分配计算任务并跟踪任务进度,要一直监控作业下的任务的运行状况,承担的任务量过大,因此引入 Yarn 来解决这个问题。Yarn 的基本设计思想是将 MapReduce

中的 JobTracker 拆分成了两个独立的服务，一个全局的资源管理器和每个应用程序特有的，其中资源管理器负责整个系统的资源管理和分配，而应用程序管理器则负责单个应用程序的管理。

5）Hive

Hive 最早是由 Facebook 设计，基于 Hadoop 的一个数据仓库工具，可以将结构化的数据文件映射为一张数据库表，并提供 SQL 查询功能。Hive 没有专门的数据存储格式，也没有为数据建立索引，用户可以非常自由地组织 Hive 中的表，只需要在创建表时告知 Hive 数据中的列分隔符和行分隔符，Hive 就可以解析数据。Hive 中所有的数据都存储在 HDFS 中，其本质是将 SQL 转换为 MapReduce 程序完成查询。

6）HBase

HBase 即 Hadoop Database，它是一个分布式的、面向列的开源数据库。HBase 不同于一般的关系数据库，其一，HBase 是一个适合于存储非结构化数据的数据库；其二，HBase 是基于列而不是基于行的模式。用户将数据存储在一个表里，一个数据行拥有一个可选择的键和任意数量的列。由于 HBase 表示疏松的数据，用户可以给行定义各种不同的列。HBase 主要用于需要随机访问、实时读写的大数据。

HBase 与 Hive 的相同点是 HBase 与 Hive 都是架构在 Hadoop 之上的，都用 Hadoop 作为底层存储。

7）Avro

Avro 由 Doug Cutting 牵头开发的，是一个数据序列化系统。类似于其他序列化机制，Avro 可以将数据结构或者对象转换成便于存储和传输的格式，其设计目标是用于支持数据密集型应用，适合大规模数据的存储与交换。Avro 提供了丰富的数据结构类型、快速可压缩的二进制数据格式、存储持久性数据的文件集、远程调用 RPC 和简单动态语言集成等功能。

8）Chukwa

Chukwa 是开源的数据收集系统，用于监控和分析大型分布式系统的数据。Chukwa 是在 Hadoop 的 HDFS 和 MapReduce 框架之上搭建的，它同时继承了 Hadoop 的可扩展性和健壮性。Chukwa 通过 HDFS 来存储数据，并依赖于 MapReduce 任务处理数据。Chukwa 中也附带了灵活且强大的工具，用于显示、监视和分析数据结果，以便更好地利用所收集的数据。

9）Pig

Pig 是一个对大型数据集进行分析和评估的平台。Pig 最突出的优势是它的结构能够经受住高度并行化的检验，这个特性让它能够处理大型的数据集。目前，Pig 的底层由一个编译器组成，它在运行的时候会产生一些 MapReduce 程序序列，Pig 的语言层由一种叫作 Pig Latin 的正文型语言组成。

三、Hadoop 应用分析

Hadoop 采用分而治之的计算模型，以对海量数据排序为例，对海量数据进行排序时可以参照编程快速排序法的思想。快速排序法的基本思想是在数列中找出适当的轴心，然后将数列一分为二,分别对左边与右边的数列进行排序。

1.传统的数据排序方式

传统的数据排序就是使一串记录按照其中的某个或某些关键字的大小递增或递减的排列起来的操作。排序算法在很多领域得到相当地重视,尤其是在大量数据的处理方面。一个优秀的算法可以节省大量的资源。在各个领域中考虑到数据的各种限制和规范,要得到一个符合实际的优秀算法,需要经过大量的推理和分析。

下面以快速排序为例,对数据集合 a(n)从小到大的排序步骤如下:

(1)设定一个待排序的元素 a(x)。

(2)遍历要排序的数据集合 a(n),经过一轮划分排序后,在 a(x)左边的元素值都小于它,在 a(x)右边的元素值都大于它。

(3)按此方法对 a(x)两侧的这两部分数据分别再次进行快速排序,整个排序过程可以递归进行,以此达到整个数据集合变成有序序列。

2.Hadoop 的数据排序方式

设想如果将数据 a(n)分割成 M 个部分,将这 M 个部分送去 MapReduce 进行计算,自动排序,最后输出内部有序的文件,再把这些文件首尾相连合并成一个文件,即可完成排序。

第四章　HDFS 和 Common 研究

第一节　HDFS 基础内容研究

HDFS(Hadoop Distributed File System,简称 HDFS)是 Hadoop 架构下的分布式文件系统。HDFS 是 Hadoop 的一个核心模块,负责分布式存储和管理数据,具有高容错性、高吞吐量等优点,并提供了多种访问模式。HDFS 能做到对上层用户的绝对透明,使用者不需要了解内部结构就能得到 HDFS 提供的服务,并且 HDFS 提供了一系列的 API,可以让开发者和研究人员快速地编写基于 HDFS 的应用。

一、HDFS 的相关概念

由于 HDFS 分布式文件系统概念相对复杂,对其相关概念介绍如下。

(1)Metadata 是元数据,元数据信息包括名称空间、文件到文件块的映射、文件块到 DataNode 的映射三部分。

(2)NameNode 是 HDFS 系统中的管理者,负责管理文件系统的命名空间,维护文件系统的文件树及所有的文件和目录的元数据。在一个 Hadoop 集群环境中,一般只有一个 NameNode,它成为了整个 HDFS 系统的关键故障点,对整个系统的运行有较大的影响。

(3)Secondary NameNode 是以备 NameNode 发生故障时进行数据恢复。一般在一台单独的物理计算机上运行,与 NameNode 保持通信,按照一定时间间隔保存文件系统元数据的快照。

(4)DataNode 是 HDFS 文件系统中保存数据的节点。根据需要存储并检索数据块,受客户端或 NameNode 调度,并定期向 NameNode 发送它们所存储的块的列表。

(5)Client 是客户端,HDFS 文件系统的使用者,它通过调用 HDFS 提供的 API 对系统中的文件进行读写操作。

(6)块是 HDFS 中的存储单位,默认为 64MB。在 HDFS 中文件被分成许多一定大小的分块,作为单独的单元存储。

二、HDFS 特性

HDFS 被设计成适合运行在通用硬件(Commodity Hardware)上的分布式文件系统。它是一个高度容错性的系统,适合部署在廉价的机器上,能提供高吞吐量的数据访问,适合大规模数据集上的应用,同时放宽了一部分 POSIX(Portable Operating System Interface,可移植操作系统接口)约束,实现流式读取文件系统数据的目的。HDFS 的主要特性有以下几点。

1.高效硬件响应

HDFS 可能由成百上千的服务器所构成,每个服务器上都存储着文件系统的部分数据。构成系统的模块数目是巨大的,而且任何一个模块都有可能失效,这意味着总是有一部分 HDFS 的模块是不工作的,因此错误检测和快速、自动的恢复是 HDFS 的重要特点。

2.流式数据访问

运行在 HDFS 上的应用和普通的应用不同,需要流式访问它们的数据集。流式数据的特点是像流水一样,一点一点“流”过来,而处理流式数据也是一点一点的处理。如果是全部收到数据以后再处理,那么延迟会很大,而且在很多场合会消耗大量内存。HDFS 的设计中更多地考虑到了数据批处理,而不是用户交互处理。较之数据访问的低延迟问题,更关键在于数据访问的高吞吐量。POSIX 标准设置的很多硬性约束对 HDFS 应用系统不是必需的。为了提高数据的吞吐量,在一些关键方面对 POSIX 的语义做了一些修改。

3.海量数据集

运行在 HDFS 上的应用具有海量数据集。HDFS 上的一个典型文件大小一般都在 GB 至 TB 级别。HDFS 能提供较高的数据传输带宽,能在一个集群里扩展到数百个节点。一个单一的 HDFS 实例能支撑数以千万计的文件。

4.简单一致性模型

HDFS 应用采用“一次写入多次读取”的文件访问模型。一个文件经过创建、写入和关闭之后就不再需要改变,这一模型简化了数据一致性的问题,并且使高吞吐量的数据访问成为可能。MapReduce 应用和网络爬虫应用都遵循该模型。

5.异构平台间的可移植性

HDFS 在设计的时候就考虑到平台的可移植性,这种特性方便了 HDFS 作为大规模数据应用平台的推广。

需要注意的是,HDFS 不适用于以下应用:

(1)低延迟数据访问。因为 HDFS 关注的是数据的吞吐量,而不是数据的访问速度,所以 HDFS 不适用于要求低延迟的数据访问应用。

(2)大量小文件。HDFS 中 NameNode 负责管理元数据的任务,当文件数量太多时就会受到 NameNode 容量的限制。

(3)多用户写入修改文件。HDFS 中的文件只能有一个写入者,而且写操作总是在文件结尾处,不支持多个写入者,也不支持在数据写入后,在文件的任意位置进行修改。

三、HDFS 体系结构

HDFS 采用主从结构构建,NameNode 为 Master(主),其他 DataNode 为 Slave(从),文件以数据块的形式存储在 DataNode 中。NameNode 和 DataNode 都以 Java 程序的形式运行在普通的计算机上,操作系统一般采用 Linux。一个 HDFS 分布式文件系统的架构如图 4-1 所示。

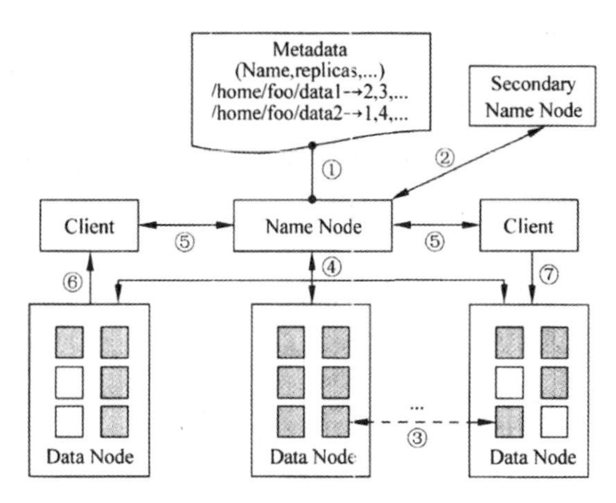

图 4-1 HDFS 架构图

图 4-1 中：

(1)连线①：NameNode 是 HDFS 系统中的管理者，对 Metadata 元数据进行管理。负责管理文件系统的命名空间，维护文件系统的文件树及所有的文件和目录的元数据。

(2)连线②：当 NameNode 发生故障时，使用 SecondaryNameNode 进行数据恢复。它一般在一台单独的物理计算机上运行，与 NameNode 保持通信，按照一定时间间隔保存文件系统元数据的快照，以备 NameNode 发生故障时进行数据恢复。

(3)连线③：HDFS 中的文件通常被分割为多个数据块，存储在多个 DataNode 中。DataNode 上存了数据块 ID 和数据块内容，以及它们的映射关系。文件存储在多个 DataNode 中，但 DataNode 中的数据块未必都被使用。

(4)连线④：NameNode 中保存了每个文件与数据块所在的 DataNode 的对应关系，并管理文件系统的命名空间。DataNode 定期向 NameNode 报告其存储的数据块列表，以备使用者直接访问 DataNode 中获得相应的数据。DataNode 还周期性的向 NameNode 发送心跳信号，提示 DataNode 是否工作正常。DataNode 与 NameNode 还要进行交互，对文件块的创建、删除、复制等操作进行指挥与调度，只有在交互过程中收到了 NameNode 的命令后，才开始执行指定操作。

(5)连线⑤：Client 是 HDFS 文件系统的使用者，在进行读写操作时，Client 需要先从 NameNode 中获得文件存储的元数据信息。

(6)连线⑥⑦：Client 从 NameNode 获得文件存储的元数据信息后，与相应的 DataNode 进行数据读写操作。

四、HDFS 的工作原理

下面以一个文件 FileA(大小 100MB)为例，说明 HDFS 的工作原理。

1.HDFS 的读操作

HDFS 的读操作原理较为简单，Client 要从 DataNode 上读取 FileA。而 FileA 由 Block1 和 Block2 组成，其流程如图 4-2 所示。

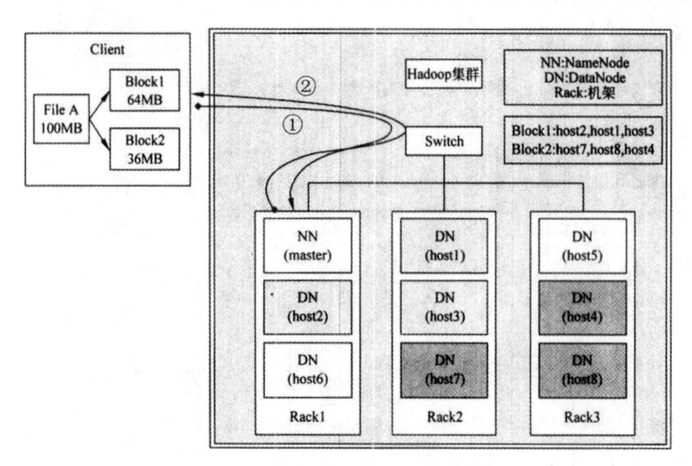

图 4-2　HDFS 读操作流程示意图

图 4-2 中,左侧为 Client,即客户端。FileA 分成两块,Block1 和 Block2。右侧为 Switch,即交换机。HDFS 按默认配置将文件分布在 Rack1、Rack2 和 Rack3 机架上。过程步骤如下。

(1)Client 向 NameNode 发送读请求(如图 4-2 连线①)。

(2)NameNode 查看 Metadata 信息,返回 FileA 的 Block 的位置(如图 4-2 连线②)。Block1 位置:host2,host1,host3;Block2 位置:host7,host8,host4。

(3)Block 的位置是有先后顺序的,先读 Block1,再读 Block2,而且 Block1 去 host2 上读取;然后 Block2 去 host7 上读取。

在读取文件过程中,DataNode 向 NameNode 报告状态。每个 DataNode 会周期性地向 NameNode 发送心跳信号和文件块状态报告,以便 NameNode 获取到工作集群中 DataNode 状态的全局视图,从而掌握它们的状态。如果存在 DataNode 失效的情况时,NameNode 会调度其他 DataNode 执行失效节点上文件块的读取处理。

注心跳信号是每隔一段时间向互联的另一方发送一个很小的数据包,通过对方回复情况判断互联的双方之间的通信链路是否已经断开的方法。

2.HDFS 的写操作

HDFS 中 Client 写入文件 FileA 的原理流程如图 4-3 所示。

(1)Client 将 FileA 按 64MB 分块。分成两块,Block1 和 Block2。

(2)Client 向 NameNode 发送写数据请求(如图 4-3 连线①)。

(3)NameNode 记录着 Block 信息,并返回可用的 DataNode(如图 4-3 连线②)。

Block1 位置:host2,host1,host3 可用;Block2 位置:host7,host8,host4 可用。

(4)Client 向 DataNode 发送 Block1,发送过程是以流式写入。流式写入过程如下。

①将 64MB 的 Block1 按 64KB 大小划分成 package。

②Client 将第一个 package 发送给 host2。

③host2 接收完后,将第一个 package 发送给 host1;同时 Client 向 host2 发送第二个 package。

④hostl 接收完第一个 package 后,发送给 host1:3;同时接收 host2 发来的第二个 package。

⑤以此类推,直到将Block1发送完毕。

⑥host2、host1、host3向NameNode,host2向Client发送通知,说明消息发送完毕。

⑦Client收到host2发来的消息后,向NameNode发送消息,说明写操作完成。这样就完成Block1的写操作。

⑧发送完Block1后,再向host7、host8、host4发送Block2。

⑨发送完Block2后,host7、host8、host4向NameNode,host7向Client发送通知。

⑩Client向NameNode发送消息,说明写操作完成。

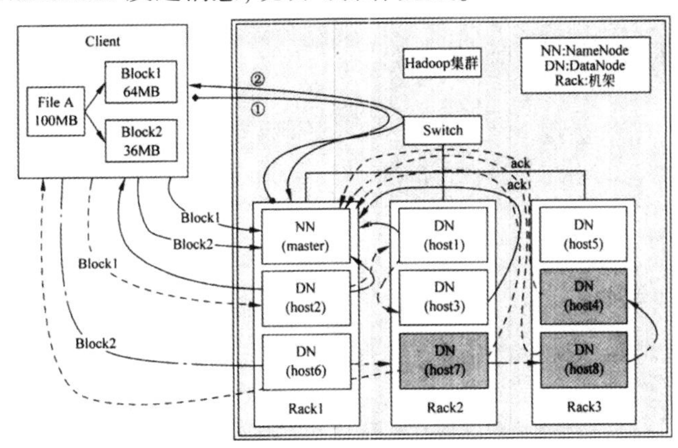

图4-3 HDFS写操作流程

在写文件过程中,每个DataNode会周期性地向NameNode发送心跳信号和文件块状态报告。如果存在DataNode失效的情况时,NameNode会调度其他DataNode执行失效节点上文件块的复制处理,保证文件块的副本数达到规定数量。

五、HDFS的相关技术

在HDFS分布式存储和管理数据的过程中,为了保证数据的可靠性、安全性、高容错性等特点采用了以下技术。

1.文件命名空间

HDFS使用的系统结构是传统的层次结构。但是在做好相应的配置后,对于上层应用来说,就几乎可以当成是普通文件系统来看待,忽略HDFS的底层实现。

上层应用可以创建文件夹,可以在文件夹中放置文件;可以创建、删除文件;可以移动文件到另一个文件夹中;可以重命名文件。但是,HDFS还有一些常用功能尚未实现,例如硬链接、软链接等。这种层次目录结构跟其他大多数文件系统类似。

2.权限管理

HDFS支持文件权限控制,但是目前的支持相对不足。HDFS采用了UNIX权限码的模式来表示权限,每个文件或目录都关联着一个所有者用户和用户组以及对应的权限码RWX(Read、Write、Execute)。每次文件或目录操作,客户端都要把完整的文件名传给NameNode,每次都要对这个路径的操作权限进行判断。HDFS的实现与POSIX标准类似,但是HDFS没有严格遵守POSIX标准。

3.元数据管理

NameNode 是 HDFS 的元数据计算机,在其内存中保存着整个分布式文件系统的两类元数据:一是文件系统的命名空间,即系统目录树;二是数据块副本与 DataNode 的映射,即副本的位置。

对于上述第 1 类元数据,NameNode 会定期持久化,第 2 类元数据则靠 DataNode BlockReport 获得。

NameNode 把每次对文件系统的修改作为一条日志添加到操作系统本地文件中。比如,创建文件、修改文件的副本因子都会使得 NameNode 向编辑日志添加相应的操作记录。当 NameNode 启动时,首先从镜像文件 fsimage 中读取 HDFS 所有文件目录元数据加载到内存中,然后把编辑日志文件中的修改日志加载并应用到元数据,这样启动后的元数据是最新版本的。之后,NameNode 再把合并后的元数据写回到 fsimage,新建一个空编辑日志文件以写入修改日志。

由于 NameNode 只在启动时才合并 fsimage 和编辑日志两个文件,这将导致编辑日志文件可能会很大,并且运行得越久就越大,下次启动时合并操作所需要的时间就越久。为了解决这一问题,Hadoop 引入 Secondary NameNode 机制,Secondary NameNode 可以随时替换为 NameNode,让集群继续工作。

4.单点故障问题

HDFS 的主从式结构极大地简化了系统体系结构,降低了设计的复杂度,用户的数据也不会经过 NameNode。但是问题也是显而易见的,单一的 NameNode 节点容易导致单点故障问题。一旦 NameNode 失效,将导致整个 HDFS 集群无法正常工作。此外,由于 Hadoop 平台的其他框架如 MapReduce、HBase、Hive 等都是依赖于 HDFS 的基础服务,因此 HDFS 失效将对整个上层分布式应用造成严重影响。Secondary NameNode 可以部分解决这个问题,但是需要切换 IP,手动执行相关切换命令,而且 NameNode 的数据不一定是最新的,存在一致性问题,不适合做 NameNode 的备用机。除了 Secondary NameNode,其他相对成熟的解决方案还有 BackupNode 方案、DRDB 方案、AvatarNode 方案。

5.数据副本

HDFS 是用来为大数据提供可靠存储的,这些应用所处理的数据一般保存在大文件中。HDFS 存储文件时会将文件分成若干个块,每个块又会按照文件的副本因子进行备份。

同副本因子一样,块的大小也是可以配置的,并且在创建后也能修改。习惯上会设置成 64MB 或 128MB 和 256MB(默认是 64MB),但是块大小既不能太小,也不能太大。

6.通信协议

HDFS 是应用层的分布式文件系统,节点之间的通信协议都是建立在 TCP/IP 协议之上的。HDFS 有 3 个重要的通信协议,即 ClientProtocol、ClientDataNodeProtocol 和 DataNodeProtocol。

7.容错

HDFS 的设计目标之一是具有高容错性。集群中的故障主要有 NodeServer 故障、网络故障和脏数据问题三类。

(1)NodeServer 故障又包括 NameNode 故障和 DataNode 故障。Secondary NameNode 可以随时替换为 NameNode,让集群继续工作。NameNode 会通过心跳检测判断 DataNode 是否发生故障。

(2)对于网络故障,HDFS 采用了与 TCP 协议类似的处理方式:ACK 报文,即每次接收方收到数据后都会向发送方返回一个 ACK 报文,如果没收到 ACK 报文就认为接收方发生故障或者网络出现故障。

(3)由于 HDFS 的硬件配置都是比较廉价的,数据容易出错。为了防止脏数据问题,HDFS 的数据都配有校验数据。每隔一定时间,DataNode 会向 NameNode 发送 BlockReport 以报告自己的块信息,NameNode 收到 BlockReport 后,如果发现某个 DataNode 没有上报被认为是存储在该 DataNode 的块信息,就认为该 DataNode 的这个块是脏数据。

8.HadoopMetrics 插件

HadoopMetrics 插件是基于 JMX(Java Management Extensions,即 Java 管理扩展)实现的一个统计集群运行数据的工具,能让用户在不重启集群的情况下重新进行配置。从 Hadoop 2.0 开始,Metrics 功能就默认启用了,目前使用的都是 Hadoop Metrics2。

第二节　Common 基础内容研究

Common 为 Hadoop 的其他模块提供了一系列文件系统和通用文件包,主要包括系统配置工具 Configuration、远程过程调用 RPC、序列化机制和 Hadoop 抽象文件系统 FileSystem 等。从 Hadoop 2.0 版本开始,HadoopCore 模块更名为 Common。Common 为在通用硬件上搭建云计算环境提供基本的服务,同时为软件开发提供了 API。

下面介绍 Common 模块中的主要程序包。

1.org.apache,hadoop.conf

该包的作用是读取集群的配置信息,很多配置的数据都需要从 org.apache,hadoop.conf 中去读取。Configuration 是 org.apache,hadoop.conf 包中的主类,Configuration 类中包含了 10 个属性。Hadoop 开放了许多的 get/set 方法来获取和设置其中的属性。

2.org.apache,hadoop.fs

该包主要包括了对文件系统的维护操作的抽象与文件的存储和管理,主要包含下面的子包。

(1)org.apache,hadoop.fs.ftp 提供了在 HTTP 协议上对于 Hadoop 文件系统的访问。

(2)org.apache,hadoop.fs.kfs 包含了对 KFS 的基本操作。

(3)org.apache,hadoop.fs.permission 可以对访问控制、权限进行设置。

(4)org.apache,hadoop.fs.s3 和 org.apache,hadoop.fs.s3native 包,这两个包中定义了对 as3 文件系统的支持。

3.org.apache,hadoop.io

该包实现了一个特有的序列化系统。Hadoop 的序列化机制具有快速、紧凑的特点。Hadoop 在 I/O 中的解压缩设计中通过 JNI(Java Native Interface,即 Java 本地接口)的形式调用第三方的压缩算法,如 Google 的 Snappy 框架。

4.org.apache,hadoop.ipc

该包用于Hadoop远程过程调用的实现。Java的RPC最直接的体现就是RMI的实现,RMI的实现是一个简单版本的远程过程调用,但是由于RMI的不可定制性,因此Hadoop根据自己系统特点,重新设计了一套独有的RPC体系,用了Java动态代理的思想,RPC的服务端和客户端都是通过代理获得方式取得。

其他包简单描述如下:

(1)org.apache,hadoop.hdfs是Hadoop的分布式文件系统实现。

(2)org.apache,hadoop.mapreduce是Hadoop的MapReduce实现。

(3)org.apache,hadoop.log是Hadoop的日志帮助类,实现估值的检测和恢复。

(4)org.apache,hadoop.metrics用于度量、统计和分析。

(5)org.apache,hadoop.http和org.apache,hadoop.net用于对网络相关的封装。

(6)org.apache,hadoop.util是Common中的公共方法类。

第五章　MapReduce 与 NoSQL 研究

第一节　MapReduce 内容研究

一、MapReduce 简介

大数据的来源非常广泛，其数据格式多样，如多媒体数据、图像数据、文本数据、实时数据、传感器数据等，传统行列结构的数据库结构已经不能满足数据处理的需求，而 MapReduce 可以存放和分析各种原始数据格式。

1.MapReduce

MapReduce 是面向大数据并行处理的计算模型、框架和平台。它隐含了以下三层含义。

(1)MapReduce 是一个基于集群的高性能并行计算平台。它允许用普通的商用服务器构成一个包含数十、数百至数千个节点的分布和并行计算集群。

(2)MapReduce 是一个并行计算与运行软件框架。它提供了一个庞大但设计精良的并行计算软件框架，能自动完成计算任务的并行化处理，自动划分计算数据和计算任务，在集群节点上自动分配和执行任务以及收集计算结果，将数据分布存储、数据通信、容错处理等并行计算涉及的很多系统底层的复杂细节交由系统负责处理。

(3)MapReduce 是一个并行程序设计模型与方法。它借助于函数式程序设计语言 Lisp 的设计思想，提供了一种简便的并行程序设计方法，用 Map 和 Reduce 两个函数编程实现基本的并行计算任务，提供了抽象的操作和并行编程接口，以简单方便地完成大规模数据的编程和计算处理。

2.MapReduce 功能、特征和局限性

MapReduce 为程序员提供了一个抽象的、高层的编程接口和框架，程序员仅需要关心其应用层的具体计算问题，仅需编写少量的程序代码即可。

1)MapReduce 功能

MapReduce 功能是采用分而治之的思想，把对大规模数据集的操作分发给一个主节点管理下的各个分节点共同完成，然后通过整合各个节点的中间结果，得到最终结果。

MapReduce 实现了两个功能，Map 把一个函数应用于集合中的所有成员，然后返回一个基于这个处理的结果集；Reduce 是对多个进程或者独立系统并行执行，将多个 Map 的处理结果集进行分类和归纳。MapReduce 易于实现且扩展性强，可以通过它编写出同时在多台主机上运行的程序。

以图形归类为例，其功能示意图如图 5-1 所示，实现步骤如下。

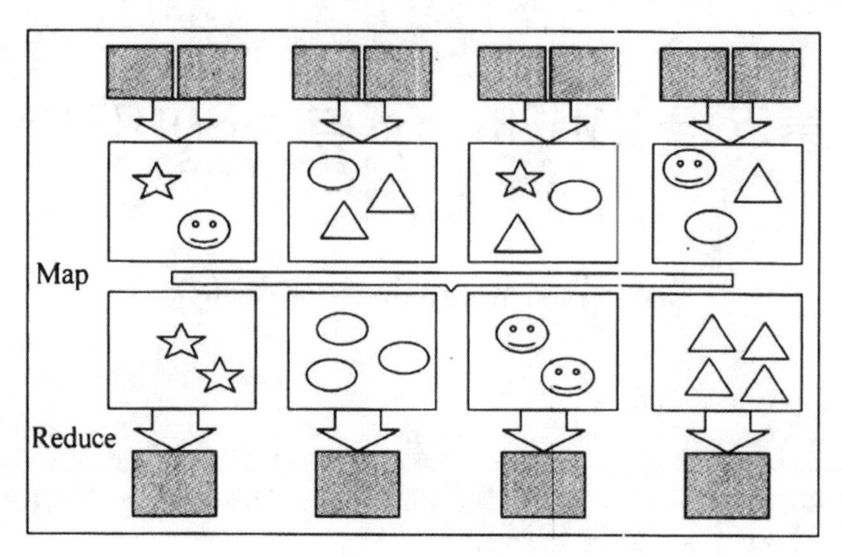

图 5-1 MapReduce 功能示意图

(1)使用 Map 对输入的数据集进行分片,如将一个☆和一个☺分成一个数据片,将一个☆、一个△和一个○分成一个数据片等。

(2)将各种图形进行归纳整理,如把两个☆归成一类,三个○归成一类等进行输出,并将输出结果作为 Reduce 的输入。

(3)由 Reduce 进行聚集并输出各个图形的个数,如☆有 2 个、△有 4 个等。

2)MapReduce 特征

目前 MapReduce 可以进行数据划分、计算任务调度、系统优化及出错检测和恢复等操作,在设计上具有以下三方面的特征。

(1)易于使用。通过 MapReduce 这个分布式处理框架,不仅能用于处理大规模数据,而且能将很多烦琐的细节隐藏起来。传统编程时程序员需要经过长期培训来熟悉大量编程细节,而 MapReduce 将程序员与系统层细节隔离开来,即使是对于完全没有接触过分布式程序的程序员来说也能很容易地掌握。

(2)良好的伸缩性。MapReduce 的伸缩性非常好,每增加一台服务器,就能将该服务器的计算能力接入到集群中,并且 MapReduce 集群的构建大多选用价格便宜、易于扩展的低端商用服务器,基于大量数据存储需要,低端服务器的集群远比基于高端服务器的集群优越。

(3)适合大规模数据处理。MapReduce 可以进行大规模数据处理,应用程序可以通过 MapReduce 在 1000 个以上节点的大型集群上运行。

3)MapReduce 的局限性

MapReduce 在最初推出的几年,拥有了众多的成功案例,获得了业界广泛的支持和肯定,但随着分布式系统集群的规模和其工作负荷的增长,MapReduce 存在的问题逐渐地浮出水面,总结如下。

(1)Jobtracker(作业跟踪器)是 Mapreduce 的集中处理点,存在单点故障。

(2)Jobtracker 完成了太多的任务,造成了过多的资源消耗,当 Job 非常多的时候,会造成很大的内存开销，增加了 Jobtracker 失败的风险，旧版本的 MapReduce 只能支持上限为 4000 个节点的主机。

（3）在 Tasktracker（任务跟踪器）端，以 Map/Reduce Task 的数目作为资源的表示过于简单，没有考虑到 CPU 内存的占用情况，如果两个大内存消耗的 Task 被调度到了一块，很容易出现内存溢出。

（4）在 Tasktracker 端，把资源强制划分为 MapTask（映射任务）和 ReduceTask（化简任务），如果当系统中只有 MapTask 或者只有 ReduceTask 的时候，会造成资源的浪费。

（5）源代码层面分析的时候，会发现代码非常的难读，常常因为一个类（Class）做了太多的事情，代码量达 3000 多行，造成类的任务不清晰，增加缺陷（Bug）修复和版本维护的难度。

（6）从操作的角度来看，MapReduce 在诸如缺陷修复、性能提升和特性化等并不重要的系统更新时，都会强制进行系统级别的升级。更糟糕的是，MapReduce 不考虑用户的喜好，强制让分布式集群中的每一个 Client 同时更新。

二、Map 和 Reduce 任务

Map 是一个映射函数，该函数可以对列表中的每一个元素进行指定的操作。

Reduce 是一个化简函数，该函数可以对列表中的元素进行适当的合并、归约。

Map 和 Reduce 是 MapReduce 的主要工作思想，用户只需要实现 Map 和 Reduce 两个接口，即可完成 TB 级数据的计算。Map 和 Reduce 的工作流程如图 5-2 所示。

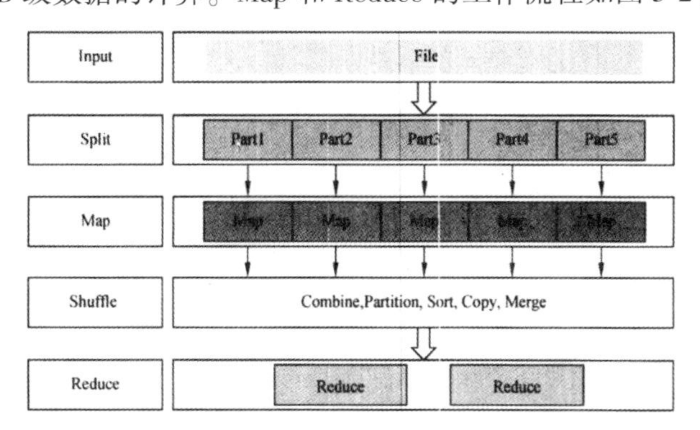

图 5-2 Map 和 Reduce 的工作流程

将 Map 和 Reduce 的工作流程及步骤简单概括如下。

（1）输入数据通过 Split 的的方式，被分发到各个节点上。

（2）每个 Map 任务在一个 Split 上面进行处理。

（3）Map 任务输出中间数据。

（4）在 Shuffle 过程中，节点之间进行数据交换。

（5）拥有同样 Key 值的中间数据即键值对③（Key-ValuePair）被送到同样的 Reduce 任务中。

（6）Reduce 执行任务后，输出结果。

提示：前 4 步为 Map 过程，后 2 步为 Reduce 过程。

三、MapReduce 架构和工作流程

1.MapReduce 的架构

MapReduce 的架构是 MapReduce 整体结构与组件的抽象描述，与 HDFS 类似，MapReduce 采用了 Master/Slave（主/从）架构，其架构如图 5-3 所示。

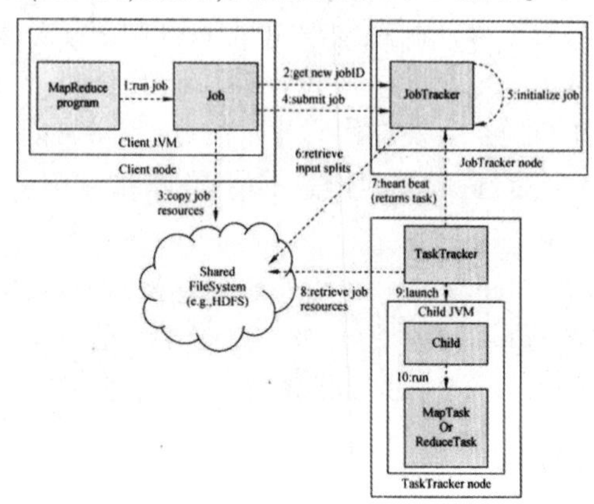

图 5-3　MapReduce 架构图

在图 5-3 中，JobTracker 称为 Master，TaskTracker 称为 Slave，用户提交的需要计算的作业称为 Job（作业），每一个 Job 会被划分成若干个 Tasks（任务）。JobTracker 负责 Job 和 Tasks 的调度，而 TaskTracker 负责执行 Tasks。

MapReduce 架构由 4 个独立的节点（Node）组成，分别为 Client、JobTracker、TaskTracker 和 HDFS，介绍如下。

（1）Client：用来提交 MapReduce 作业。

（2）JobTracker：用来初始化作业、分配作业并与 TaskTracker 通信与协调整个作业。

（3）TaskTracker：将分配过来的数据片段执行 MapReduce 任务，并保持与 JobTracker 通信。

（4）HDFS：用来在其他节点间共享作业文件。

2.MapReduce 的工作流程

结合图 5-3，MapReduce 的工作流程可简单概括为以下 10 个工作步骤。

（1）MapReduce 在客户端启动一个作业。

（2）Client 向 JobTracker 请求一个 JobID。

（3）Client 将需要执行的作业资源复制到 HDFS 上。

（4）Client 将作业提交给 JobTracker。

（5）JobTracker 在本地初始化作业。

（6）JobTracker 从 HDFS 作业资源中获取作业输入的分割信息，根据这些信息将作业分割成多个任务。

（7）JobTracker 把多个任务分配给在与 JobTracker 心跳（心跳信号）通信中请求任务的 TaskTracker。

（8）TaskTracker 接收到新的任务之后会首先从 HDFS 上获取作业资源，包括作业配

置信息和本作业分片的输入。

(9)TaskTracker在本地登录子JVM(Java Virtual Machine)。

(10)TaskTracker启动一个JVM并执行任务,将结果写回HDFS。

第二节 NoSQL内容研究

一、NoSQL简介

1.NoSQL的含义

NoSQL泛指非关系型的数据管理技术。如果说Hadoop是一个产品,那么NoSQL就是一项技术。实际上,和处理常规数据一样,任何为处理大数据而服务的产品都要选择符合实际情况的数据管理方式。由于网络上数据量激增,传统关系型数据库不能满足生产需要,越来越多的人开始放弃严整、规矩的关系模型,另辟蹊径地去拓展研发新型的数据存储方式,如键值存储、列存储、面向文档存储和图形存储等,这些都属于NoSQL的范畴。

HDFS在Hadoop中扮演数据存储的角色,可以将任何类型的文件按照分布式的方法进行存储。而NoSQL更侧重于数据管理层面,可以应用于结构化、半结构化和非结构化数据存储。例如,Hadoop中的HBase正是采用NoSQL中的列存储方式对数据进行管理的。在Hadoop的架构中,Hbase利用HDFS文件系统中存放的数据来解决特定的数据处理问题。这期间,HDFS为HBase提供了高可靠性的底层存储支持,MapReduce为HBase提供了高性能的计算能力。

2.NoSQL的产生

随着大数据时代的到来及互联网Web2.0网站的兴起,传统的关系型数据库在应付海量数据存储和读取以及超大规模、高并发的Web2.0纯动态网站的数据处理方面已经显得力不从心,同时也暴露出很多难以克服的问题。而非关系型的数据管理方法则由于其本身的特点得到了非常迅速的发展。NoSQL技术的产生就是为了应对这一挑战。NoSQL的概念最初在2009年被提出,对传统的数据管理方式是一次颠覆性的改变。

NoSQL有很多种存储方式,拥有很多家族成员,NoSQL的中文网站中包括键值存储、面向文档存储、列存储、图形存储和xml数据存储等。其实在NoSQL的概念被提出之前,这些数据存储方式就已经被用于各种系统当中,只是很少被用于Web互联网应用中。

NoSQL兴起的主要原因是传统的关系型数据库在网络数据存取上遇到了瓶颈。不得不说,传统的关系型数据库具有卓越的性能与高稳定性,且使用简单,功能强大,这使得传统的关系型数据库在20世纪90年代,网站访问数据量不是很大的情况下,发挥了令人瞩目的作用。

面临这些大数据管理的困扰,非关系型数据管理方式越来越被人们重视,并迅速发展。人们把这些有别于传统关系型数据库的数据管理技术统称为NoSQL技术。

在这里可以看到NoSQL的多个种类及各自的典型产品。

3.NoSQL的特点

NoSQL技术之所以能够在大数据冲击互联网的情况下脱颖而出,主要因为具有以下特点。

(1)易扩展性。尽管 NoSQL 数据库种类繁多,但是它们都有一个共同的特点,就是没有了关系型数据库中的数据与数据之间的关系。很显然,当数据之间不存在关系时,数据的可扩展性就变得可行了。

(2)数据量大,性能高。NoSQL 数据库都具有非常高的读写性能,尤其在大数据量下同样表现优秀,这得益于它的无关系性,数据之间的结构简单。一般情况下,关系型数据库使用的是 Cache 在“表”这一层面的更新,是一种大粒度的 Cache 更新,当网络上的数据发生频繁交互时,就表现出了明显劣势。而 NoSQL 使用的是 Cache 在“记录”层面的更新,是一种细粒度的 Cache 更新,因此 NoSQL 在这个方面上也显示了较高的性能特点。

(3)灵活的数据模型。由于 NoSQL 无须事先为要存储的数据建立字段,因此在应用中随时可以存储自定义的数据格式。而在关系数据库里,增删字段是一件非常麻烦的事情,尤其对数据量非常大的表而言,随时更改表结构几乎是无法实现的。而这一点在大数据量的 Web2.0 时代尤为重要。

(4)高可用性。NoSQL 在不太影响性能的情况下,就可以方便地实现高可用的架构,比如 Cassandra、HBase 模型等。

二、NoSQL 技术基础

NoSQL 技术对大数据的管理是怎么实现的呢?其中又要遵循哪些基本原则呢?本节为读者在大数据的一致性策略、大数据的分区与放置策略、大数据的复制与容错技术及大数据的缓存技术等方面进行介绍。

1.大数据的一致性策略

在大数据管理的众多方面,数据的一致性理论是实现对海量数据进行管理的最基本的理论。学习这部分内容有利于读者对本章内容的阅读和深化理解。

分布式系统的 CAP 理论是构建 NoSQL 数据管理的基石。CAP 即一致性(Consistency)、可用性(Availability)和分区容错性(Partition Tolerance)。

1)一致性

一致性是指在分布式系统中的所有数据备份,在同一时刻均为同样的值,也就是当数据执行更新操作时,要保证系统内的所有用户读取到的数据是相同的。

2)可用性

可用性是指在系统中任何用户的每一个操作均能在一定的时间内返回结果,即便当集群中的部分节点发生故障时,集群整体仍能响应客户端的读写请求。这里要强调“在一定时间内”,而不是让用户遥遥无期地等待。

3)分区容错性

以实际效果而言,分区相当于对通信的时限要求。系统如果不能在时限内达成数据一致性,就意味着发生了分区的情况,必须就当前操作在一致性和可用性之间做出选择。

从上面的解释不难看出,系统不能同时满足一致性、可用性和分区容错性这 3 个特性,在同一时间只能满足其中的两个。因此,系统设计者必须在这 3 个特性中做出抉择。

2.大数据的分区与放置策略

在大数据时代,如何有效地存储和处理海量的数据显得尤为重要。如果使用传统方法处理这些数据,所消耗的时间代价将十分巨大,这是人们无法接受的,因此必须打破传统的将所有数据都存放在一处,每次查找、修改数据都必须遍历整个数据集合的方法。数据分区技术与放置策略的出现正是为了解决数据存储空间不足及如何提高数据库性能等方面的问题。

1)大数据分区技术

通俗地讲,数据分区其实就是“化整为零”,通过一定的规则将超大型的数据表分割成若干个小块来分别处理。表进行分区时需要使用分区键来标志每一行属于哪一个分区,分区键以列的形式保存在表中。

数据分区可以提高数据的可管理性,改善数据库性能和数据可用性,缩小了每次数据查询的范围,并且在对数据进行维护时,可以只针对某一特定分区,大幅地提高数据维护的效率。下面介绍几种常见的数据分区算法。

(1)范围分区。范围分区是最早出现的数据分区算法,也是最为经典的一个。范围分区就是将数据表内的记录按照某个属性的取值范围进行分区。

(2)列表分区。列表分区主要应用于各记录的某一属性上的取值为一组离散数值的情况,且数据集合中该属性在这些离散数值上的取值重复率很高。采用列表分区时,可以通过所要操作的数据直接查找到其所在分区。

(3)哈希分区。哈希分区需要借助哈希函数,首先把分区进行编号,然后通过哈希函数来计算确定分区内存储的数据。这种方法要求数据在分区上的分布是均匀的。

以上3种分区算法的特点和适用范围各异,在选择使用时应充分地考虑实际需求和数据表的特点,这样才能真正发挥数据分区在提高系统性能上的作用。

2)大数据放置策略

为解决海量数据的放置问题,涌现了很多数据放置的算法,大体上可以分为顺序放置策略和随机放置策略。采用顺序放置策略是将各个存储节点看成是逻辑有序的,在对数据副本进行分配时先将同一数据的所有副本编号,然后采用一定的映射方式将各个副本放置到对应序号的节点上;随机放置策略通常是基于某一哈希函数来实现对数据的放置的,因此这里所谓的随机其实也是有规律的,很多时候称其为伪随机放置策略。

3.大数据的复制与容错技术

在大数据时代,每天都产生需要处理的大量的数据,在处理数据的过程中,难免会有差错,这可能会导致数据的改变和丢失。为了避免这些数据错误的出现,必须对数据进行及时的备份,这就是数据复制的重要性。同时,一旦出现数据错误,系统还要具备发现故障及处理故障的能力。

数据复制技术在处理海量数据的过程中虽然是必不可少的,但是,对数据进行备份也要付出相应的代价。首先,数据的备份带来了大量的时间代价和空间代价;其次,为了减少时间和空间上的代价,研究人员投入大量的时间、人力和物力来研发提升新的数据复制策略;另外,在数据备份的过程中往往会出现意想不到的差错,此时就需要数据容错技术和相应的故障处理方案进行辅助。

构成分布式系统的计算机五花八门,每台计算机又是由各式各样的软硬件组成的,因此在整个系统中可能随时会出现故障或错误。这些故障和错误往往是随机产生的,用户无法做到提前预知,甚至是当问题发生时都无法及时察觉。如果一个系统能够对无法预期的软硬件故障做出适当的对策和应变措施,那么就可以说这个系统具备一定的容错能力。

处理故障的基本方法有主动复制、被动复制和半主动复制。主动复制指的是所有的复制模块协同进行,并且状态紧密同步。被动复制是指只有一个模块为动态模块,其他模块的交互状态由这一模块的检查单定期更新。半主动复制是前两种的混合方法,所需的恢复开销相对较低。

4.大数据的缓存技术

单机的数据库系统引入缓存技术是为了在用户和数据库之间建立一层缓存机制,把经常访问的数据常驻于内存缓冲区,利用内存高速读取的特点来提高用户对数据查询的效率。在分布式环境下,由于组成系统的各个节点配置和使用的数据库系统及文件系统不尽相同,要想在这样复杂的环境下提高对海量数据的查询效率,仅仅依靠单机的缓存技术就行不通了。

与单机的缓存技术目的相同,分布式缓存技术的出现也是为了提高系统的数据查询性能。另外,为整个系统建立一层缓冲,也便于在不同节点之间进行数据交换。分布式缓存可以横跨多个服务器,因此可以灵活地进行扩展。

但是如果各种 NET 应用、Web 服务和网格计算等应用程序在短时间内集中频繁的访问数据库服务器,很有可能会导致其瘫痪而无法工作。如果在应用程序和数据库之间加上一道缓冲屏障则可以解决这一问题。

三、NoSQL 的类型

为了解决传统关系型数据库无法满足大数据需求的问题,目前涌现出了很多种类型的 NoSQL 数据库技术。NoSQL 数据库种类之所以如此众多,其部分原因可以归结于 CAP 理论。

根据上面介绍过的 CAP 理论,在一致性、可用性和分区容错性这三者中通常只能同时实现两者。不同的数据集及不同的运行时间规则迫使人们采取不同的解决方案。各类数据库技术针对的具体问题也有所区别。数据自身的复杂性及系统的可扩展能力都是需要认真考虑的重要因素。NoSQL 数据库通常分成键值(Key-Value)存储、列存储(Column-Oriented)、面向文档(Document-Oriented)存储和图形存储(Graph-Oriented)。以下将对这 4 种不同类型的数据处理方法就原理、特点和使用方面分别做出比较详细的介绍。

1.键值存储

Key-Value 键值数据模型是 NoSQL 中最基本的、最重要的数据存储模型。Key-Value 的基本原理是在 Key 和 Value 之间建立一个映射关系,类似于哈希函数。Key-Value 数据模型和传统关系数据模型相比有一个根本的区别,就是在 Key-Value 数据模型中没有模式的概念。在传统关系数据模型中,数据的属性在设计之初就被确定下来了,包括数据类型、取值范围等。而在 Key-Value 模型中,只要制定好 Key 与 Value 之间的映射,当遇到一个 Key 值时,就可以根据映射关系找到与之对应的 Value,其中 Value 的类型和取值范围等属性都是任意的,这一特点决定了其在处理海量数据时具有很大的优势。

2.列存储

列存储是按列对数据进行存储的,在对数据进行查询(Select)的过程中非常有利,与传统的关系型数据库相比,可以在查询效率上有很大的提升。

列存储可以将数据存储在列族中。存储在一个列族中的数据通常是经常被一起查询的相关数据。例如,如果有一个"住院患者"类,人们通常会同时查询患者的住院号、姓名和性别,而不是他们的过敏史和主治医生。这种情况下,住院号、姓名和性别就会被放入一个列族中,而过敏史和主治医生信息则不应该包含在这个列族中。

列存储的数据模型具有支持不完整的关系数据模型、适合规模巨大的海量数据、支持分布式并发数据处理等特点。总的来讲,列存储数据库的模式灵活、修改方便、可用性高、可扩展性强。

3.面向文档存储

面向文档存储是 IBM 最早提出的,是一种专门用来存储管理文档的数据库模型。面向文档数据库是由一系列自包含的文档组成的。这意味着相关文档的所有数据都存储在该文档中,而不是关系数据库的关系表中。事实上,面向文档的数据库中根本不存在表、行、列或关系,这意味着它们是与模式无关的,不需要在实际使用数据库之前定义严格的模式。与传统的关系型数据库和 20 世纪 50 年代的文件系统管理数据的方式相比,都有很大的区别。下面具体介绍它们的区别。

在旧的文件管理系统中,数据不具备共享性,每个文档只对应一个应用程序,也就是即使是多个不同应用程序都需要相同的数据,也必须各自建立属于自己的文件。而面向文档数据库虽然是以文档为基本单位,但是仍然属于数据库范畴,因此它支持数据的共享。这就大大地减少了系统内的数据冗余,节省了存储空间,也便于数据的管理和维护。

在传统关系型数据库中,数据被分割成离散的数据段,而在面向文档数据库中,文档被看作是数据处理的基本单位。因此,文档可以很长也可以很短,可以复杂也可以简单,不必受到结构的约束。但是,这两者之间并不是相互排斥的,它们之间可以相互交换数据,从而实现相互补充和扩展。

例如,如果某个文档需要添加一个新字段,那么在文档中仅需包含该字段即可,因为不需要对数据库中的结构做出任何改变,所以,这样的操作丝毫不会影响到数据库中其他任何文档。因此,文档不必为没有值的字段存储空数据值。

假如在关系数据库中,需要 4 张表来储存数据:一个"Person"表、一个"Company"表、一个"Contact Details"表和一个用于储存名片本身的表。这些表都有严格定义的列和键,并且使用一系列的连接(Join)组装数据。虽然这样做的优势是每段数据都有一个唯一真实的版本,但这为以后的修改带来了不便。此外,也不能修改其中的记录以用于不同的情况。例如,一个人可能有手机号码,也可能没有。当某个人没有手机号码时,那么在名片上不应该显示"手机:没有",而是忽略任何关于手机的细节。这就是面向文档存储和传统关系型数据库在处理数据上的不同。很显然,由于没有固定模式,面向文档存储显得更加灵活。

面向文档数据库和关系数据库的另一个重要区别就是面向文档数据库不支持连接。因此,如在典型工具 CouchDB 中就没有主键和外键,没有基于连接的键。这并不意味着不能从 CouchDB 数据库获取一组关系数据。CouchDB 中的视图允许用户为未在数据库中定义的文档创建一种任意关系。这意味着用户能够获得典型的 SQL 联合查询的所有好处,但又不需要在数据库层预定义它们的关系。

虽然面向文档数据库的操作方式在处理大数据方面优于关系数据库,但这并不意味着面向文档数据库就可以完全替代关系数据库,而是为更适合这种方式的项目提供一种更佳的选择,如 wikis、博客和文档管理系统等。

4.图形存储

图形存储是将数据以图形的形式进行存储。在构造的图形中,实体被表示为节点,实体与实体之间的关系则被表示为边。其中最简单的图形就是一个节点,也就是一个拥有属性的实体。关系可以将节点连接成任意结构。那么,对数据的查询就转化成了对图形的遍历。图形存储最卓越的特点就是研究实体与实体间的关系,因此图形存储中有丰富的关系表示,这在 NoSQL 成员中是独一无二的。

在具体的情况下,可以根据算法从某个节点开始,按照节点之间的关系找到与之相关联的节点。例如,想要在住院患者的数据库中查找"负责外科 15 床患者的主治医生和主管护士是谁",这样的问题在图形数据库中就很容易得到解决。

下面利用一个实例来说明在关系复杂的情况下,图形存储较关系型存储的优势。在一部电影中,演员常常有主、配角之分,还要有投资人、导演、特效工作者等人员的参与。在关系模型中,这些都被抽象为 Person 类型,存放在同一个数据表中。但是,现实的情况是,一位导演可能是其他电影或者电视剧的演员,也可能是歌手,甚至是某些影视公司的投资者。在这个实例中,实体和实体间存在多个不同的关系。

在关系型数据库中,要想表达这些实体及实体间的联系,首先需要建立一些表,如表示人的表、表示电影的表、表示电视剧的表、表示影视公司的表等。要想研究实体和实体之间的关系,就要对表建立各种联系,如图 5-4 所示。由于数据库需要通过关联表来间接地实现实体间的关系,这就导致数据库的执行效能下降,同时数据库中的数量也会急剧上升。

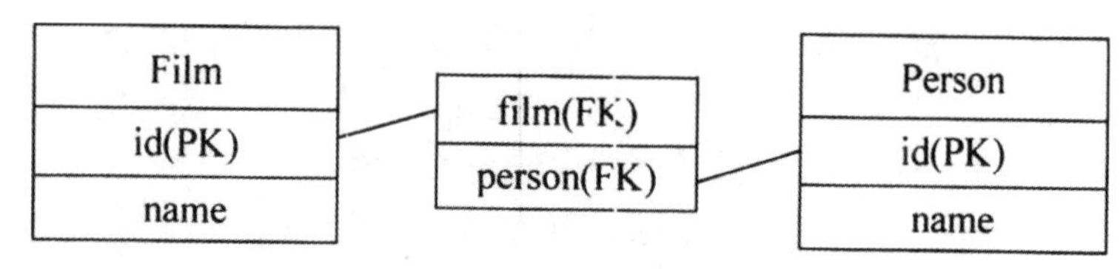

图 5-4　关系模型中的表及表之间的联系

除性能外,表的数量也是一个非常让人头疼的问题。刚刚仅仅是举了一个具有 4 个实体的例子——人、电影、电视剧和影视公司,现实生活中的例子可不是这么简单。不难看出,当需要描述大量关系时,传统的关系型数据库显得不堪重负,它更擅长的是实体较多但关系简单的情况。而对于一些实体间关系比较复杂的情况,高度支持关系的图形存储才是正确的选择。它不仅可以为人们带来运行性能的提升,还可以大大地提高系统开发效率,减少维护成本。

在需要表示多对多关系时,常常需要创建一个关联表来记录不同实体的多对多关系,而且这些关联表常常不用来记录信息。如果两个实体之间拥有多种关系,那么就需要在它们之间创建多个关联表。而在一个图形数据库中,只需要标明两者之间存在着不同的关系,例如,用 DirectBy 关系指向电影的导演或用 ActBy 关系来指定参与电影拍摄的各个演员,同时在 ActBy 关系中,还可以通过关系中的属性来表示其是否是该电影的主演。而且从上面所展示的关系的名称上可以看出关系是有向的。如果希望在两个节点集间建立双向关系,就需要为每个方向定义一个关系。这两者的比较如图 5-5 所示。

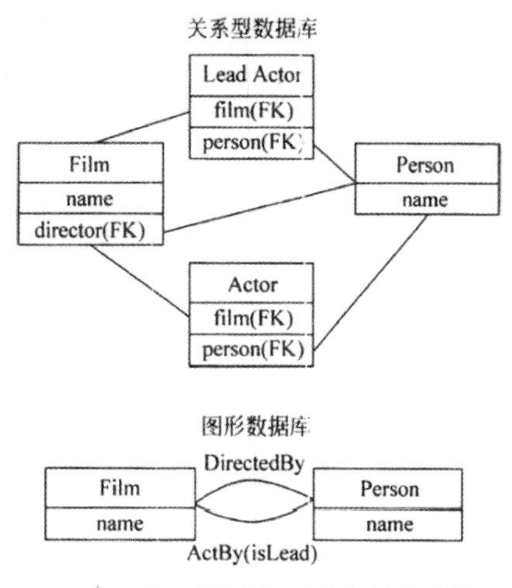

图 5-5　关系模型与图形存储的比较

四、典型的 NoSQL 工具

由于大数据时代刚刚到来,基于各类数据模型开发的数据库系统层出不穷,各个公司机构之间的竞争十分激烈。这一部分将介绍目前实际应用中比较典型的 3 个 NoSQL 工具,以此来代表 4 种不同的 NoSQL 数据管理类型。

1.Redis

Redis 是一个典型的开源 Key-Value 数据库。目前 Redis 的最新版本为 3.2.0。用户可以在 Redis 官网"http://redis.io/download"上获取最新的版本代码。

1)Redis 的运行平台

Redis 可以在 Linux 和 Mac OS X 等操作系统下运行使用,其中 Linux 为主要推荐的操作系统。虽然官方没有提供支持 Windows 的版本,但是微软开发并维护一个 Win-64 的 Redis 端口。

2)Redis 的特点

(1)支持存储的类型多样。与传统的关系型数据库或是其他非关系型数据库相比,Redis 支持存储的 Value 类型是非常多样的,不限于字符串,还包括 String(字符串)、Hash(哈希)、List(链表)、Set(集合)和 Zset(有序集合)等。

(2)存储效率高,同步性好。为了保证效率,Redis 将数据缓存在内存中,并周期性地把更新的数据写入磁盘或者把修改操作写入追加的记录文件中,并且在此基础上实现了主从同步。

2.Bigtable

Bigtable 是 Google 在 2004 年开始研发的一个分布式结构化数据存储系统，运用按列存储数据的方法是一个未开源的系统。目前，已经有超过百余个项目或服务是由 Bigtable 来提供技术支持的，如 Google Analytics、Google Finance、Writely、Personalized Search 和 Google Earth 等。Bigtable 的许多设计思想还被应用在很多其他的 NoSQL 数据库中。

1）Bigtable 的数据模型

Bigtable 不支持完整的关系数据模型，相反，Bigtable 为客户提供了简单的数据模型。利用这个模型，客户可以动态控制数据的分布和格式，即对 Bigtable 而言，数据是没有格式的，用户可以自己去定义。

2）Bigtable 的存储原理和架构

Bigtable 将存储的数据都视为字符串，但是 Bigtable 本身不去解析它们。通过仔细选择数据的模式，客户可以控制数据的位置相关性，并根据 Bigtable 的模式参数来控制数据是存放在内存中还是硬盘上。

Bigtable 数据库的架构由主服务器和分服务器构成，如图 5-6 所示。如果把数据库看成是一张大表，那么可将其划分为许多基本的小表，这些小表就称为 Tablet，是 Bigtable 中最小的处理单位。Bigtable 主要包括三个部分：一个主服务器、多个 Tablet 服务器和链接到客户端的程序库。主服务器负责将 Tablet 分配到 Tablet 服务器，检测新增和过期的 Tablet 服务器，平衡 Tablet 服务器之间的负载，GFS 垃圾文件的回收，数据模式的改变（如创建表）等。Tablet 服务器负责处理数据的读写，并在 Tablet 规模过大时进行拆分。图 5-6 中的 Google WorkQueue 是一个分布式的任务调度器，主要用来处理分布式系统队列分组和任务调度，负责故障处理和监控；GFS 负责保存 Tablet 数据及日志；Chubby 负责帮助主服务器发现 Tablet 服务器，当 Tablet 服务器不响应时，主服务器就会通过扫描 Chubby 文件获取文件锁，如果获取成功就说明 Tablet 服务器发生了故障，主服务器就会重做 Tablet 服务器上的所有 Tablet。

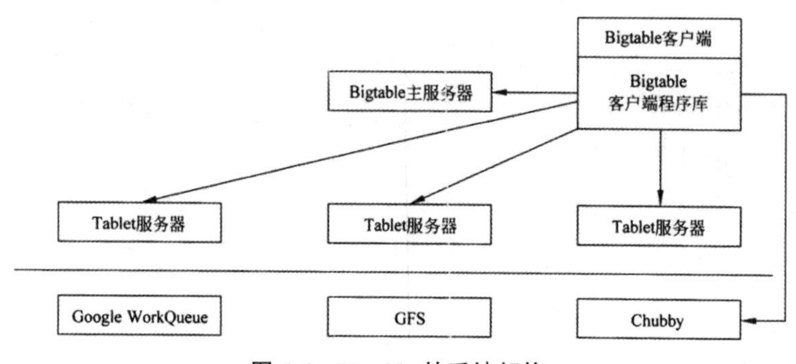

图 5-6　Bigtable 的系统架构

3.CouchDB

CouchDB 是一个开源的面向文档的数据管理系统。Couch 即 Cluster Of Unreliable Commodity Hardware，反映了 CouchDB 的目标具有高度可伸缩性，提供了高可用性和高可靠性，即便运行在容易出现故障的硬件上也是如此。CouchDB 最初是用 C++编写的，在

2008 年 4 月，这个项目转移到 Erlang/OTP 平台进行容错测试。Erlang 语言是一种并发性的函数式编程语言，可以说它是因并发而生，因大数据云计算而热；OTP 是 Erlang 的编程框架，是一个 Erlang 开发的中间件。

CouchDB 是用 Erlang 开发的面向文档的数据库系统，是完全面向 Web 的，截至 2014 年 10 月最新版本为 CouchDB1.6.1。

1）CouchDB 的运行平台

CouchDB 可以安装在大部分操作系统上，包括 Linux 和 Mac OS X。尽管目前还不正式支持 Windows，但现在已经开始着手编写 Windows 平台的非官方二进制安装程序。CouchDB 可以从源文件安装，也可以使用包管理器安装，是一个顶级的 Apache Software Foundation 开源项目，并允许用户根据需求使用、修改和分发该软件。

2）CouchDB 的文档更新

传统的关系数据库管理系统有时使用并发锁来管理并发性，从而防止其他客户机访问某个客户机正在更新的数据。这就防止了多个客户机同时更改相同的数据，但对于多个客户机同时使用一个系统的情况，数据库在确定哪个客户机应该接收锁并维护锁队列的次序时会遇到困难。

CouchDB 的文档更新模型是无锁的。客户端应用程序加载文档，应用变更，再将修改后的数据保存到服务器主机上，这样就完成了文档编辑。如果一个客户端试图对文档进行修改，而此时其他客户端也在编辑相同的文档，并优先保存了修改，那么该客户端在保存时将会返回编辑冲突（Edit conflict）错误。为了解决更新冲突，可以获取到最新的文档版本，重新修改后再尝试更新。文档更新操作，包括对文档的添加、编辑和删除具有原子性，要么全部成功，要么全部失败。数据库永远不会出现部分保存或者部分编辑的文档。

第六章　数据可视化基础研究

第一节　数据与可视化

众所周知,人们描述日常行为、行踪、喜欢做的事情等时,这些无法量化的数据量是大得惊人的。很多人说大数据是由数字组成的,而有些时候数字是很难看懂的。而数据可视化可以让人们与数据交互,其超越了传统意义上的数据分析。数据可视化给人们的生活带来了变化,让人们对枯燥的数字产生了兴趣。

人们如何得到干净有用的可视化数据呢?它会消耗人们多少时间呢?答案就是:人们只需选择正确的数据可视化工具,这些工具可以帮助人们在几分钟之内将所有需要的数据可视化。

1.大数据可视化与数据可视化

数据可视化是关于数据的视觉表现形式的科学技术研究。其中,数据的视觉表现形式被定义为以某种概要形式抽提出来的信息,包括相应信息单位的各种属性和变量。

人们常见柱状图、饼图、直方图、散点图等是最原始的统计图表,也是数据可视化最基础、最常见的应用。因为这些原始统计图表只能呈现数据的基本信息,所以当面对复杂或大规模结构化、半结构化和非结构化数据时,数据可视化的设计就要复杂很多。

因此,大数据可视化可以理解为数据量更加庞大、结构更加复杂的数据可视化。

2.大数据可视化的过程

大数据可视化的过程主要有以下 9 个方面。

(1)数据的可视化。数据可视化的核心是采用可视化元素来表达原始数据,例如,通常柱状图利用柱子的高度反映数据的差异。

(2)指标的可视化。在可视化的过程中,采用可视化元素的方式将指标可视化,会将可视化的效果增色很多,例如,在 QQ 群大数据资料进行可视化分析中,数据用各种图形的方式展示,显示的是将近 100G 的 QQ 群数据,通过数据可视化把数据作为点和线连接起来,其中企鹅图标的节点代表 QQ,群图标的节点代表群,每条线代表一个关系,一个 QQ 可以加入 N 个群,一个群也可以有 N 个 QQ 加入。线的颜色分别代表:黄色为群主;绿色为群管理员;蓝色为群成员。群主和管理员的关系线比普通的群成员长一些,这是为了突出群内的重要成员的关系。

(3)数据关系的可视化。数据关系往往也是可视化数据核心表达的主题。例如,将 Windows 比喻成太阳系,WindowsXP、Windows7 等比喻成太阳系中的星;其他系统比喻成其他星系。通过这个比喻,人们就可以很清晰地看出数据之间的关系。

(4)背景数据的可视化。很多时候,光有原始数据是不够的,因为数据没有价值,信息才有价值。例如,设计师马特·罗宾森(MattRobinson)和汤姆·维格勒沃斯(TomWrigglesworth)用不同的圆珠笔和字体写“Sample”这个单词。因为不同字体使用墨水量不同,所以每支笔所剩的墨水量也不同。于是就产生了一幅有趣的图,在这幅图中不再需要标注坐标系,因为不同的笔及其墨水含量已经包含了这个信息。

(5)转换成便于接受的形式。数据可视化的功能包括数据的记录、传递和沟通,之前的操作实现了记录和传递,但是沟通可能还需要优化,这种优化包括按照人的接受模式、习惯和能力等进行综合改进,这样才能更容易地被人们接受。例如,做一个关于“销售计划”的可视化产品,原始数据是销售额列表,采用柱状图来表达;在图表中增加一条销售计划线来表示销售计划数据;最后在销售计划线上增加钩和叉的符号来表示完成和未完成计划,如此看图表的人更容易接受。

(6)聚焦。所谓聚焦就是利用一些可视化手段,把那些需要强化的小部分数据和信息按照可视化的标准进行再次处理。

很多时候数据、信息、符号对于接受者而言是超负荷的,这时人们就需要在原来的可视化结果基础上再进行聚焦。在上述的“销售计划”中,假设这个图表重点是针对没有完成计划的销售员的,那么我们可以强化“叉”是红色的。如果柱状图中的柱是黑色,钩也是黑色,那么红色的叉更为显眼。

(7)集中或者汇总展示。对这个“销售计划”可视化产品来说,还有很大的完善空间,例如,为了让管理者更好地掌握情况,人们可以增加一张没有完成计划的销售人员数据表,这样管理者在掌控全局的基础上,还可以很容易地抓住所有焦点,进行逐一处理。

(8)收尾的处理。在之前的基础上,人们还可以进一步修饰。这些修饰是为了让可视化的细节更为精准,甚至优美,比较典型的操作包括设置标题、表明数据来源、对过长的柱子进行缩略处理、进行表格线的颜色设置、各种字体、图素粗细、颜色设置等。

(9)完美的风格化。所谓风格化就是标准化基础上的特色化,最典型的如增加企业或个人的LOGO,让人们知道这个可视化产品属于哪个企业、哪个人。而真正做到风格化,还是有很多不同的操作,例如,布局、用色,典型的图标,甚至动画的时间、过渡等,从而让人们更直观地理解和接受。

第二节　数据与图形

现在已经出现了很多大数据可视化工具,从最简单的Excel到基于在线的数据可视化工具、三维工具、地图绘制工具以及复杂的编程工具等,正逐步地改变着人们对大数据可视化的认识。

1.大数据可视化工具的特性

传统的数据可视化工具仅仅是将数据加以组合,通过不同的展现方式提供给用户,用于发现数据之间的关联信息。随着云和大数据时代的来临,数据可视化产品已经不再满足于使用传统的数据可视化工具来对数据仓库中的数据进行抽取、归纳并简单的展现。数据可视化产品必须满足互联网的大数据需求,快速地收集、筛选、分析、归纳、展现决策者所需要的信息,并根据新增的数据进行实时更新。因此,在大数据时代,数据可视化工具必须具有以下特性。

（1）实时性：数据可视化工具必须适应大数据时代数据量的爆炸式增长需求，快速地收集和分析数据并对数据信息进行实时更新。

（2）简单操作：数据可视化工具满足快速开发、易于操作的特性，能满足互联网时代信息多变的特点。

（3）更丰富的展现：数据可视化工具需具有更丰富的展现方式，能充分地满足数据展现的多维度要求。

（4）多种数据集成支持方式：数据的来源不仅仅局限于数据库，数据可视化工具将支持团队协作数据、数据仓库、文本等多种方式，并能够通过互联网进行展现。

2.Tableau 简介

Tableau 是一款功能非常强大的可视化数据分析软件，其定位在数据可视化的商务智能展现工具，可以用来实现交互的、可视化的分析和仪表板分析应用。就和 Tableau 这个词汇的原意"画面"一样，它带给用户美好的视觉感官。

Tableau 的特性主要包括以下 6 个方面。

（1）自助式 BI（Bussiness Intelligence，即商业智能），IT 人员提供底层的架构，业务人员创建报表和仪表板。Tableau 允许操作者将表格中的数据转变成各种可视化的图形、强交互性的仪表板并共享给企业中的其他用户。

（2）友好的数据可视化界面，操作简单，用户通过简单的拖拽发现数据背后所隐藏的业务问题。

（3）与各种数据源之间实现无缝连接。

（4）内置地图引擎。

（5）支持两种数据连接模式，Tableau 的架构提供了两种方式访问大数据量，即内存计算和数据库直连。

（6）灵活的部署，适用于各种企业环境。

Tableau 全球拥有一万多客户，分布在全球 100 多个国家和地区，应用领域遍及商务服务、能源、电信、金融服务、互联网、生命科学、医疗保健、制造业、媒体娱乐、公共部门、教育和零售等各个行业。

Tableau 有桌面版和服务器版。桌面版包括个人版开发和专业版开发，个人版开发只适用于连接文本类型的数据源；专业版开发可以连接所有数据源。服务器版可以将桌面版开发的文件发布到服务器上，共享给企业中其他的用户访问，能够方便地嵌入到任何门户或者 Web 页面中。

3.Tableau 入门操作

下面将介绍 Tableau 的人门操作，使用软件自带的示例数据，介绍如何连接数据、创建视图、创建仪表板、创建故事和发布工作簿。

（1）连接数据。启动 Tableau 后要做的第一件事是连接数据。

①选择数据源。在 Tableau 的工作界面的左侧显示可以连接的数据源。

②打开数据文件。这里以 Excel 文件为例，选择 Tableau 自带的"超市.xls"文件。

③设置连接。"超市.xls"中有 3 个工作表，将工作表拖至连接区域就可以开始分析数据了。例如，将"订单"工作表拖至连接区域，然后单击工作表选项卡开始分析数据。

（2）创建视图。连接到数据源之后，字段作为维度和度量显示在工作簿左侧的数据窗格中，将字段从数据窗格拖放到功能区来创建视图。

①将维度拖至行、列功能区。单击“工作表 1”切换到数据窗格。例如，将窗格左侧中“维度”区域里的“地区”和“细分”拖至行功能区，“类别”拖至列功能区。

②将度量拖至“文本”。例如，将数据窗格左侧中“度量”区域里的“销售额”拖至窗格“标记”中的“文本”标记卡上。这时，窗格的中间区域，数据的交叉表视图就呈现出来了。

③显示数据。将“标记”卡中“总计（销售额）”拖至列功能区，数据就会以图形的方式显示出来。

从数据窗格“维度”区域中将“地区”拖至“颜色”标记卡上，不同地区的数据就会以不同的颜色显示，从而可以快速挑出业绩最好和最差的产品类别、地区和客户细分。

当鼠标在图形上移动时，会显示与之对应的相关数据，如白色浮动框。

对于数据的显示图形还可以进行修改，单击工具栏右侧的“智能显示”按钮，打开“智能显示”窗格。在“智能窗格”中凡是变亮的按钮即可为当前数据所使用，例如，这里就是“文本表”、“压力图”、“突出显示表”和“饼图”等 12 个图形可以使用。

（3）创建仪表板。当对数据集创建了多个视图后，就可以利用这些视图组成单个仪表板。

①新建仪表板。单击“新建仪表板”按钮，打开仪表板。然后在“仪表板”的“大小”列表中适当调整大小。

②添加视图。将仪表板中显示的视图依次拖入编辑识图中。

（4）创建故事。使用 Tableau 故事点，可以显示事实间的关联、提供前后关系，以及演示决策与结果间的关系。

单击菜单命令“故事”|“新建故事”，打开故事视图。从“仪表板和工作表”区域中将视图或仪表板拖至中间区域。

在导航器中，单击故事点，可以添加标题。单击“新空白点”按钮添加空白故事点，继续拖入视图或仪表板。单击“复制”按钮创建当前故事点的副本，然后可以修改该副本。

（5）发布工作簿。

①保存工作簿。可以通过“文件”|“保存”或者“另存为”命令来完成，或者单击工具栏中的“保存”按钮。

②发布工作簿。可以通过“服务器”|“发布工作簿”来实现。

对于 Tableau 工作簿的发布方式有多种，其中分享工作簿最有效的方式是发布到 Tableau Online 和 Tableau Server。Tableau 发布的工作簿是最新、安全、完全交互式的，可以通过浏览器或移动设备观看。

通过以上五部分操作，可以创建最基本的可视化产品。但是 Tableau 的功能却远远不止这些，如果需要掌握其更多的操作和功能，还需要进一步的学习，才能真正对海量的数据进行更加复杂的可视化设计。

第七章　Excel数据可视化方法的应用

第一节　Excel的函数与图表

电子表格软件(如Microsoft Excel、iWorks Numbers、Google Docs Spreadsheets或LibreOffice Calc)提供了创建电子表格的工具。它就像一张“聪明”的纸,可以自动计算上面的整列数字,还可以根据用户输入的简单等式或者软件内置的更加复杂的公式进行其他计算。另外,电子表格软件还可以将数据转换成各种形式的彩色图表,它有特定的数据处理功能,如为数据排序、查找满足特定标准的数据以及打印报表等。

Excel是目前最受欢迎的办公套件Microsoft Office的主要成员之一,它在数据管理、自动处理和计算、表格制作、图表绘制以及金融管理等许多方面都有独到之处。

以Microsoft Office Excel 2013中文版为例,在Windows“开始”菜单中单击“Excel2013”命令,屏幕显示Excel工作界面,从上到下,依次是标题栏、常用工具栏、功能区、编辑栏,最后一行是状态行。

一、Excel函数

Excel的函数实际上是一些预定义的公式计算程序,它们使用一些称为参数的数值,按特定的顺序或结构进行计算。用户可以直接用它们对某个区域内的数值进行一系列运算,如分析和处理日期值和时间值、确定贷款的支付额、确定单元格中的数据类型、计算平均值、排序显示和运算文本数据等。例如SUM函数对单元格或单元格区域进行加法运算。

(1)参数:可以是数字、文本、形如True或False的逻辑值、数组、形如#N/A的错误值或单元格引用等,给定的参数必须能产生有效的值。参数也可以是常量、公式或其他函数,还可以是数组、单元格引用等。

(2)数组:用于建立可产生多个结果或可对存放在行和列中的一组参数进行运算的单个公式。在Excel中有两类数组:区域数组和常量数组。区域数组是一个矩形的单元格区域,该区域中的单元格共用一个公式;常量数组将一组给定的常量用作某个公式中的参数。

(3)单元格引用:用于表示单元格在工作表所处位置的坐标值。例如,显示在第B列和第3行交叉处的单元格,其引用形式为“B3”(相对引用)或“B3”(绝对引用)。

(4)常量:是直接输入到单元格或公式中的数字或文本值,或由名称所代表的数字或文本值。例如,日期8/8/2014、数字210和文本“Quarterly Earnings”都是常量。公式或由公式得出的数值都不是常量。

一个函数还可以是另一个函数的参数,这就是嵌套函数。所谓嵌套函数,是指在某些情况下,可能需要将某函数作为另一函数的参数使用。例如图 7-1 中所示的公式使用了嵌套的 AVERAGE 函数,并将结果与 50 相比较。这个公式的含义是:如果单元格 F2 到 F5 的平均值大于 50,则求 G2 到 G5 的和,否则显示数值 0。

如图 7-2 所示,函数的结构以函数名称开始,后面是左圆括号、以逗号分隔的参数和右圆括号。如果函数以公式的形式出现,则应在函数名称前面输入等号。

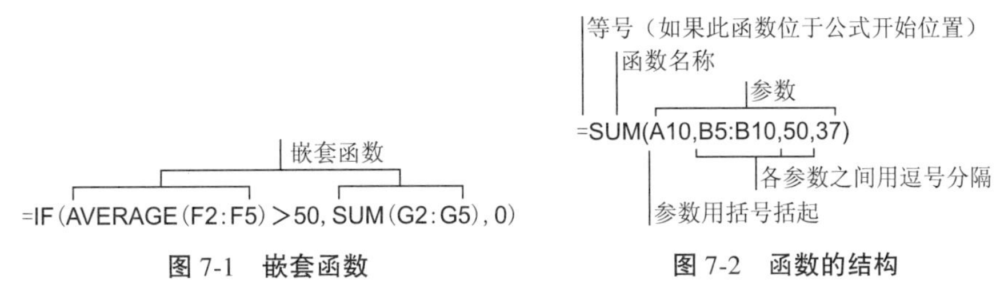

图 7-1　嵌套函数　　图 7-2　函数的结构

单击“插入公式(fx)”按钮,弹出“插入函数”对话框。可在对话框或编辑栏中创建或编辑公式,还可提供有关函数及其参数的信息。

Excel2013 函数一共有 13 类,分别是数据库函数、日期与时间函数、工程函数、财务函数、信息函数、逻辑函数、查找与引用函数、数学和三角函数、统计函数、文本函数、多维数据集函数、兼容性函数和 Web 函数。

二、Excel 图表

Excel 的数据分析图表可用于将工作表数据转换成图片,具有较好的可视化效果,可以快速表达绘制者的观点,方便用户查看数据的差异、图案和预测趋势等。例如,用户不必分析销售表中的多个数据列就可以看到各个季度销售额的升降,或很方便地对实际销售额与销售计划进行比较。

用户可以在工作表上创建图表,或将图表作为工作表的嵌入对象使用,也可以在网页上发布图表。

为创建图表,需要先在工作表中为图表输入数据,操作步骤如下:

步骤 1:选择要为其创建图表的数据。

步骤 2:单击“插入”“推荐的图表”按钮,在弹出对话框的“推荐的图表”选项卡中,滚动浏览 Excel 为用户数据推荐的图表列表,然后单击任意图表以查看数据的呈现效果。如果没有喜欢的图表,可在“所有图表”选项卡中查看可用的图表类型。

步骤 3:找到所要的图表时单击该图表,然后单击“确定”按钮。

步骤 4:使用图表右上角的“图表元素”“图表样式”和“图表筛选器”按钮,添加坐标轴标题或数据标签等图表元素,自定义图表的外观或更改图表中显示的数据。

步骤 5:若要访问其他设计和格式设置功能,可单击图表中的任何位置将“图表工具”添加到功能区,然后在“设计”和“格式”选项卡中单击所需的选项。

各种图表类型提供了一组不同的选项。例如,对于簇状柱形图而言,选项包括:

(1)网格线:可以在此处隐藏或显示贯穿图表的线条。

(2)图例:可以在此处将图表图例放置于图表的不同位置。

(3)数据表:可以在此处显示包含用于创建图表的所有数据的表。用户也可能需要将图表放置于工作簿中独立的工作表上,并通过图表查看数据。

(4)坐标轴:可以在此处隐藏或显示沿坐标轴显示的信息。

(5)数据标志:可以在此处使用各个值的行和列标题(以及数值本身)为图表加上标签。这里要小心操作,因为很容易使图表变得混乱并且难以阅读。

(6)图表位置:如"作为新工作表插入"或者"作为其中的对象插入"。

三、选择图表类型

工作中经常使用柱形图和条形图来表示产品在一段时间内生产和销售情况的变化或数量的比较,如表示分季度产品份额的柱形图就显示了各个品牌市场份额的比较和变化。

如果要体现的是一个整体中每一部分所占的比例(例如市场份额)时,通常使用饼图。此外,比较常用的是折线图和散点图,折线图也通常用来表示一段时间内某种数值的变化,常见的如股票价格的折线图等。散点图主要用在科学计算中,如可以使用正弦和余弦曲线的数据来绘制出正弦和余弦曲线。

例如,为选择正确的图表类型,可按以下步骤操作:

步骤1:选定需要绘制图表的数据单元,单击"插入"选项卡中的"推荐的图表"按钮,弹出"插入图表"对话框。

步骤2:在"所有图表"选项卡的左窗格中选择"XY(散点图)"项,在右窗格中选择"带平滑线的散点图"。

步骤3:单击"确定"按钮,完成散点图绘制。

对于大部分二维图表,既可以更改数据系列的图表类型,也可以更改整张图表的图表类型。对于气泡图,只能更改整张图表的类型。对于大部分三维图表,更改图表类型将影响到整张图表。

所谓"数据系列",是指在图表中绘制的相关数据点,这些数据源自数据表的行或列。图表中的每个数据系列具有唯一的颜色或图案,并且在图表的图例中表示,可以在图表中绘制一个或多个数据系列。饼图只有一个数据系列。对于三维条形图和柱形图,可将有关数据系列更改为圆锥、圆柱或棱锥图表类型,其步骤如下:

步骤1:单击整张图表或单击某个数据系列。

步骤2:在菜单中右击"更改图表类型"命令。

步骤3:在"所有图表"选项卡中选择所需的图表类型。

步骤4:若要对三维条形或柱形数据系列应用圆锥、圆柱或棱锥等图表类型,可在"所有图表"选项卡中单击"圆柱图""圆锥图"或"棱锥图"。

第二节　整理数据源

大数据时代,面对如此浩瀚的数据海洋,如何才能从中提炼出有价值的信息呢?其实,任何一个数据分析人员在做这方面的工作时,都是先获得原始数据,然后对原始数据进行整合、处理,再根据实际需要将数据集合。只有层层递进才能挖掘原始数据中潜在的商业信息,也只有这样才能掌握目标客户的核心数据,为企业自身创造更多的价值。

一、数据提炼

先来认识数据集成的含义,数据集成是把不同来源、格式、特点、性质的数据在逻辑上或物理上有机地集中,从而为企业提供全面的数据共享。在 Excel 中,用户可以执行数据的排序、筛选和分类汇总等操作。数据排序就是指按一定规则对数据进行整理、排列,为数据的进一步处理做好准备。

实例:2016 年汽车销量情况。

根据每月记录的不同车型销量情况,评判 2016 年前 5 个月哪种车型最受大众青睐,以此向更多客户推荐合适的车型。

步骤 1:获取原始数据。图 7-3(a)所示是一份从网站中导入且经过初始化后的销售数据,从表格中可以读出简单的信息,如不同车型每月的具体销量。

步骤 2:排序数据。将月份销量进行升序排列,即选定 G3 单元格,然后在"数据"选项卡"排序和筛选"组中单击"升序"按钮,数据将自动按从小到大排列,如图 7-3(b)所示。

步骤 3:制作图表。先选取 A3:A9 单元格区域,然后按住 Ctrl 键的同时选取 G3:G9 单元格区域,插入簇状条形图,系统就按数据排列的顺序生成有规律的图表,如图 7-3(c)所示。

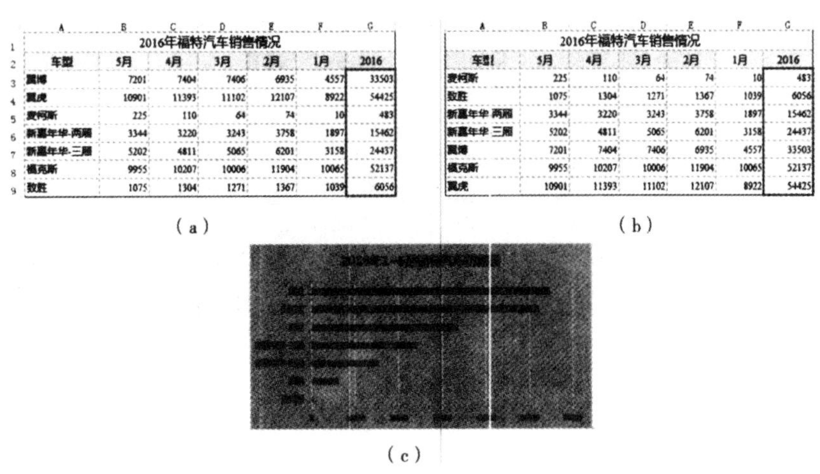

2016年福特汽车销售情况

车型	5月	4月	3月	2月	1月	2016
翼搏	7201	7404	7406	6935	4557	33503
翼虎	10901	11393	11102	12107	8922	54425
麦柯斯	225	110	64	74	10	483
新嘉年华-两厢	3344	3220	3243	3758	1897	15462
新嘉年华-三厢	5202	4811	5065	6201	3158	24437
福克斯	9955	10207	10006	11904	10065	52137
致胜	1075	1304	1271	1367	1039	6056

(a)

2016年福特汽车销售情况

车型	5月	4月	3月	2月	1月	2016
麦柯斯	225	110	64	74	10	483
致胜	1075	1304	1271	1367	1039	6056
新嘉年华 两厢	3344	3220	3243	3758	1897	15462
新嘉年华 三厢	5202	4811	5065	6201	3158	24437
翼搏	7201	7404	7406	6935	4557	33503
福克斯	9955	10207	10006	11904	10065	52137
翼虎	10901	11393	11102	12107	8922	54425

(b)

(c)

图 7-3　汽车销量示意图

实例:产品月销售情况。

自动筛选一般用于简单的条件筛选,筛选时将不满足条件的数据暂时隐藏起来,只显示符合条件的。高级筛选一般用于条件较复杂的筛选操作,其筛选的结果可显示在原数据表格中,可以在新的位置显示筛选结果,不符合条件的记录同时保留在数据表中而不会被隐藏起来。

本例中,统计某月不同系列产品的月销量和月销售额,观察销售额在 25000 元以上的产品系列。在保证不亏损的情况下,扩展产品系列的市场。

步骤 1:统计月销售数据。将产品的销售情况按月份记录下来,然后抽取某月的销售数据来调研,如图 7-4(a)所示。

步骤 2:筛选数据。单击“销售额”栏目,单击“数据”→“排序和筛选”→“筛选”按钮,再单击筛选按钮,选择“数字筛选”→“大于或等于”选项,设置大于或等于 25 000 的筛选条件,如图 7-4(b)所示。

步骤 3:制作图表。将筛选出的产品系列和销售额数据生成图表,系统默认结果大于或等于 25 000 的产量系列,以只针对满足条件的产品进行分析,如图 7-4(c)所示。

×××公司产品月销售情况

产品系列	单价	销售量	销售额
A	199	56	11144
A1	219	45	9855
A2	249	40	9960
B	255	102	26010
B1	288	85	24480
B2	333	76	25308
C	308	88	27104
C1	328	71	23288
C2	358	66	23628
D	399	76	30324
D1	425	55	23375
D2	465	39	18135

(a)

×××公司产品月销售情况

产品系列	单价	销售量	销售额
B	255	102	26010
B2	333	76	25308
C	308	88	27104
D	399	76	30324

(b)

月销售额在25000以上的产品系列

31000
30000
29000
28000
27000
26000
25000
24000
23000
22000
26010
25308
27104
30324
B
B2
C
D

(c)

图 7-4 产品月销情况

实例:公司货物运输费情况表。

在对数据进行分类汇总前,必须确保分类的字段是按照某种顺序排列的,如果分类的字段杂乱无序,分类汇总将会失去意义。

在本例中,假设总公司从库房向成华区、金牛区和锦江区的卖点运送货物,记录下在运输的过程中产生的汽车运输费和人工搬运费,通过分类汇总制作 3 个卖点的运输费对比图。

步骤 1:排序关键字,如图 7-5(a)所示,单击“送达店铺”栏,再单击“数据”选项卡“排序和筛选”组中的“排序”按钮,弹出“排序”对话框,设置“送达店铺”关键字按“升序”排序。

步骤 2:分类汇总。同样在“数据”选项卡下单击“分级显示”组中的“分类汇总”按钮,弹出“分类汇总”对话框。然后,设置分类字段为“送达店铺”,汇总方式为“求和”,在

“选定汇总项”列表中勾选“汽车运输费”和“人工搬运费”复选框,如图 7-5(b)所示。

步骤 3:制作图表。单击分类汇总后按左上角的级别“2”按钮,选取各地区的汇总结果生成柱状图表。图表中显示了各地区的汽车运输费和人工搬运费对比情况,如图 7-5(c)所示。

对于一份庞大的数据来说,无论是手动录制还是从外部获取,难免会出现无效值、重复值、缺失值等情况。不符合要求的主要有缺失数据、错误数据、重复数据这三类,这样的数据就需要进行清洗,此外还有对数据一致性检查等操作。

在实际工作中,由于对公式的不熟悉、单元格引用不当、数据本身不满足公式参数的要求等原因,难免会出现一些错误。但是有时出现的错误类型并不影响计算结果,此时应该对错误值进行深度处理,可显示为白或用 0 代替,以方便查阅。

例如,为用 0 显示错误值,可在计算结果的单元格中输入公式(假设数据在 A2:B9 中):=IFERROR(VLOOKUP(“0”,A2:B9,2,0),“0”)

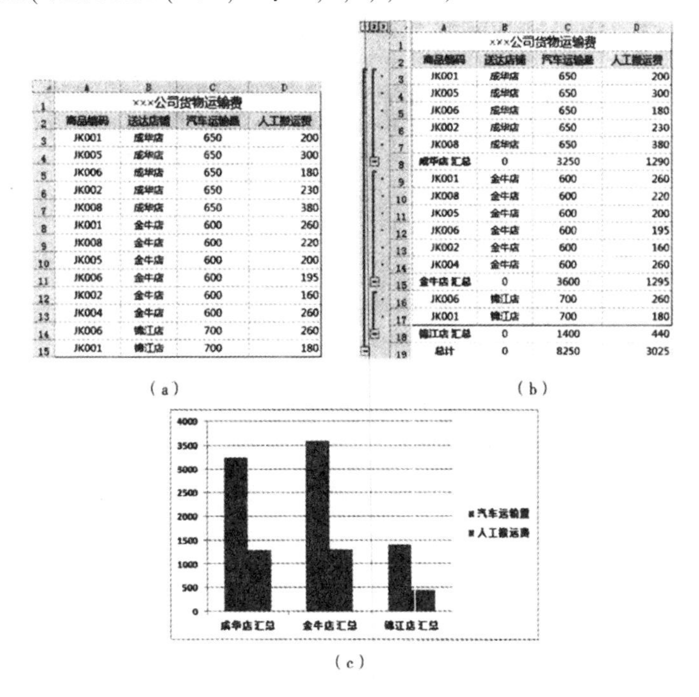

	A	B	C	D
1	×××公司货物运输费			
2	商品编码	送达店铺	汽车运输费	人工搬运费
3	JK001	成华店	650	200
4	JK005	成华店	650	300
5	JK006	成华店	650	180
6	JK002	成华店	650	230
7	JK008	成华店	650	380
8	JK001	金牛店	600	260
9	JK008	金牛店	600	220
10	JK005	金牛店	600	200
11	JK006	金牛店	600	195
12	JK002	金牛店	600	160
13	JK004	金牛店	600	260
14	JK006	锦江店	700	260
15	JK001	锦江店	700	180

(a)

	A	B	C	D
1	×××公司货物运输费			
2	商品编码	送达店铺	汽车运输费	人工搬运费
3	JK001	成华店	650	200
4	JK005	成华店	650	300
5	JK006	成华店	650	180
6	JK002	成华店	650	230
7	JK008	成华店	650	380
8	成华店 汇总	0	3250	1290
9	JK001	金牛店	600	260
10	JK008	金牛店	600	220
11	JK005	金牛店	600	200
12	JK006	金牛店	600	195
13	JK002	金牛店	600	160
14	JK004	金牛店	600	260
15	金牛店 汇总	0	3600	1295
16	JK006	锦江店	700	260
17	JK001	锦江店	700	180
18	锦江店 汇总	0	1400	440
19	总计	0	8250	3025

(b)

(c)

图 7-5　分类汇总

二、抽样产生随机数据

做数据分析、市场研究、产品质量检测,不可能像人口普查那样进行全量的研究。这就需要用到抽样分析技术。在 Excel 中使用“抽样”工具,必须先启用“开发工具”选项,然后再加载“分析工具库”。

抽样方式包括周期和随机。所谓周期模式,即等距抽样,需要输入周期间隔。输入区域中位于间隔点处的数值以及此处每一个间隔点处的数值将被复制到输出列中。当到达输入区域的末尾时,抽样将停止。而随机模式适用于分层抽样、整群抽样和多阶段抽样等。随机抽样需要输入样本数,计算机即自行进行抽样,不受间隔规律的限制。

实例:随机抽样客户编码。

步骤1:加载“分析工具库”。单击“文件选项卡”中的“选项”按钮,在弹出的对话框中选择“自定义功能区”选项,然后在“自定义功能区(B)”面板中勾选“开发工具”,单击“确定”按钮,在Excel工作表的功能区中即显示“开发工具”选项卡。

步骤2:单击“开发工具”选项卡中的“加载项”按钮,在弹出的对话框列表中勾选“分析工具库”,单击“确定”按钮,即可成功加载“数据分析”功能。此时,在“数据”选项卡的“分析”组中可以看到“数据分析”按钮。

现有从51001开始的100个连续的客户编码,需要从中抽取20个客户编码进行电话拜访,用抽样分析工具产生一组随机数据。

步骤3:获取原始数据。如图7-6(a)所示,将编码从51001开始按列依次排序到51100,并对间隔列填充相同颜色。

步骤4:使用抽样工具。在“数据”选项卡的“分析”组中单击“数据分析”按钮,弹出“数据分析”对话框,然后在“分析工具”列表框中选择“抽样”,如图7-6(b)所示。

步骤5:设置输入区域和抽样方式。单击“确定”按钮,在弹出的“抽样”对话框中设置“输入区域”为“Ah$1$10”;设置“抽样方法”为“随机”,样本数为20;再设置“输出区域”为“K1”,如图7-6(c)所示。

步骤6:抽样结果。单击对话框中的“确定”按钮后,K列中随机产生了20个样本数据,将产生的后10个数据剪切到L列,然后利用突出显示单元格规则下的重复值选项,将重复结果用不同颜色标记出来,结果如图7-6(c)所示。

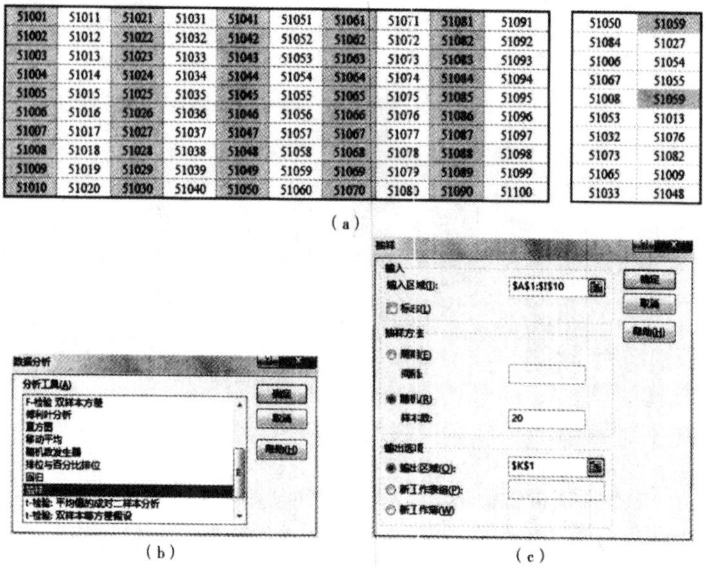

51001	51011	51021	51031	51041	51051	51061	51071	51081	51091
51002	51012	51022	51032	51042	51052	51062	51072	51082	51092
51003	51013	51023	51033	51043	51053	51063	51073	51083	51093
51004	51014	51024	51034	51044	51054	51064	51074	51084	51094
51005	51015	51025	51035	51045	51055	51065	51075	51085	51095
51006	51016	51026	51036	51046	51056	51066	51076	51086	51096
51007	51017	51027	51037	51047	51057	51067	51077	51087	51097
51008	51018	51028	51038	51048	51058	51068	51078	51088	51098
51009	51019	51029	51039	51049	51059	51069	51079	51089	51099
51010	51020	51030	51040	51050	51060	51070	51080	51090	51100

51050	51059
51084	51027
51006	51054
51067	51055
51008	51059
51053	51013
51032	51076
51073	51082
51065	51009
51033	51048

(a)

(b)

(c)

图7-6　获取原始数据

第三节　改变数据形式引起的图表变化

人们在描述事物或过程时,已经习惯性地偏好于接受数字信息以及对各种数字进行整理和分析,而统计学就是基于现实经济发展的需求而不断发展的。

一、比平均值更稳定的中位数和众数

在统计学领域有一组统计量是用来描述样本的集中趋势的,它们就是平均值、中位数和众数。

(1)平均值:在一组数据中,所有数据之和再除以这组数据的个数。

(2)中位数:将数据从小到大排序之后的样本序列中,位于中间的数值。

(3)众数:一组数据中,出现次数最多的数。

平均数涉及所有的数据,中位数和众数只涉及部分数据。它们之间可以相等,也可以不相等,但没有固定的大小关系。

一般来说,平均数、中位数和众数都是一线数据的代表,分别代表这组数据的“一般水平”“中等水平”和“多数水平”。

实例:员工工作量统计。

统计员工 7 月份的工作量,对整个公司的工作进度进行分析,再评价姓名为“陈科”的员工的工作情况。

如图 7-7(a)所示,在工作表中分别利用+VERAGE 函数、MEDIAN 函数和 MODE 函数求出“页数”组的平均值、中位数和众数。

如图 7-7(b)所示,用“姓名”列和“页数”列作为数据源,将其生成图表,并用不同颜色填充“中位数”和“众数”,再手绘一个“平均值”的柱形图置于图表中。

从图表中可以看出,若要体现公司的整体业绩情况,平均值最具代表性,它反映了总体中的平均水平,即公司 7 月份员工的平均业绩为 194。而中位数是一个趋向中间值的数据,处于总体中的中间位置,因此有一半的样本值是小于该值,还有一半的样本值大于该值,相对于平均值来讲,本例中的中位数 210 更具考察意义,因为平均值的计算受到了最大值和最小值两个极端异常值的影响,中位数虽然不能反映公司的一般水平,但是却反映了公司的集中趋势——中等水平。将本例中出现次数最多的众数 220 与平均值和中位数对比后会发现,在所有数据中 220 是一个多数人的水平,它反映了整个公司大多数人的工作状态,也是数据集中趋势的一个统计量。

如果单独考察“陈科”的工作状况,他在 7 月份的工作业绩是 200,这并没有达到公司的“中等水平”和“多数水平”,但参考这两个统计量并不能否定他这个月的成绩,因为他的业绩高于整个公司的“平均水平”。

二、正态分布和偏态分布

正态分布是一种对称概率分布,而偏态分布是指频数分布不对称、集中位置偏向一侧的分布。

姓名	部门	业绩		
周正	摄影部	90	平均数	194
郭靖	摄影部	120	中位数	210
李自城	办公室	150	众数	220
魏浩	摄影部	180		
来飞	平面部	190		
陈科	平面部	200		
阿诗玛	平面部	210		
谭咏麟	办公室	220		
王乐乐	平面部	220		
孙鲁阳	办公室	220		
张文玉	办公室	220		
石晴瑶	平面部	240		
戴海东	办公室	260		

(a)

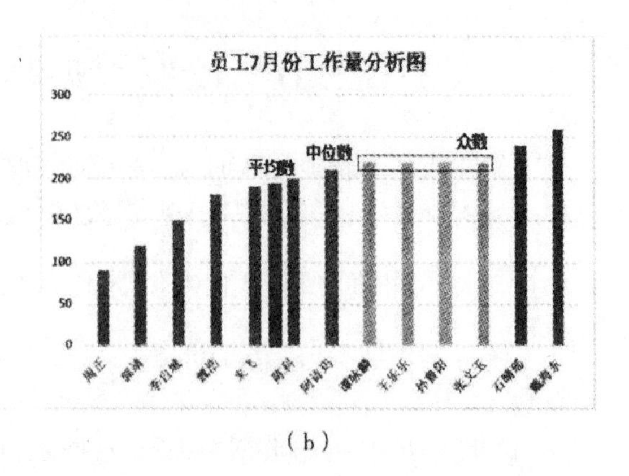

(b)

图 7-7　员工 7 月份工作量

在 Excel 中若要绘制正态分布图,需要了解 NORMDIST 函数。该函数返回指定平均值和标准偏差的正态分布函数。此函数在统计方面应用范围广泛(包括假设检验),能建立起一定数据频率分布直方图与该数据平均值和标准差所确定的正态分布数据的对照关系。

实例:计算学生考试成绩的正态分布图。

一般考试成绩具有正态分布现象。现假设某班有 45 个学生,在一次英语考试中学生的成绩分布在 54~95 分(假设他们的成绩按着学号依次递增),计算该班学生成绩的累积分布函数图和概率密度函数图(见图 7-8(a),图中在第 27 行有折叠)。

步骤 1:计算均值和方差。在 C2 单元格中输入计算学生成绩的均值公式"=AVERAGE(B3:B47)",按 Enter 键后显示结果。然后在 D2 单元格中输入公式"=STDEVP(B3:B47)"计算学生成绩的方差。

步骤 2:计算积累分布函数。在 E3 单元格中输入正态分布函数的公式"=NORMDIST(B3,C2,D2,TRUE)"。输入函数的 cumulative 参数时,选择 True 选项表示累积分布函数。

步骤 3:计算概率密度函数。在 F3 单起格中输入"步骤 2"一样的函数公式,只是最后一个 cumulative 参数设置为 False,即概率密度函数。

步骤 4:填充单元格公式。选取单元格 t3:F:3,拖动鼠标填充 E4:F47 单元格区域。

步骤 5:绘制概率密度函数图。选取 F+U 数据,插入折线图,系统显示如图 7-8(b)所示。

步骤 6:绘制累积分布函数图。选取 E 列数据,插入面积图,系统显示如图 7-8(c)所示。

三、财务预算中的分析工具

大数据预测分析是大数据的核心,但同时也是一个很困难的任务。这里尝试用在 Excel 中实现数据的分析和预测。

在 Excel 中包括 3 种预测数据的工具,即移动平均法、指数平滑法和回归分析法。

(1)移动平均法:适用于近期预测。当产品需求既不快速增长也不快速下降,且不存在季节性因素时,移动平均法能有效地消除预测中的随机波动,是非常有用的。

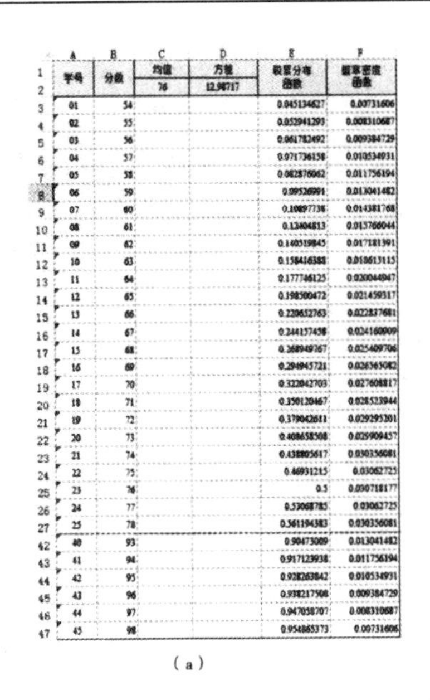

行	A	B	C	D	E	F
1	学号	分数	均值	方差	积累分布函数	概率密度函数
2			76	12.94717		
3	01	54			0.045134627	0.00731606
4	02	55			0.052941293	0.008310687
5	03	56			0.061782492	0.009384729
6	04	57			0.071736158	0.010534931
7	05	58			0.082876062	0.011756194
8	06	59			0.09526991	0.013041482
9	07	60			0.10897738	0.014381768
10	08	61			0.12404813	0.015766044
11	09	62			0.140519845	0.017181391
12	10	63			0.158416388	0.018613115
13	11	64			0.177746125	0.020044947
14	12	65			0.198500472	0.021459317
15	13	66			0.220652763	0.022837681
16	14	67			0.244157458	0.024160909
17	15	68			0.268949767	0.025409706
18	16	69			0.294945721	0.026565082
19	17	70			0.322042703	0.027608817
20	18	71			0.350120467	0.028523944
21	19	72			0.379042611	0.029295201
22	20	73			0.408658508	0.029909457
23	21	74			0.438805617	0.030356081
24	22	75			0.46931215	0.03062725
25	23	76			0.5	0.030718177
26	24	77			0.53068785	0.03062725
27	25	78			0.561194383	0.030356081
42	40	93			0.90473009	0.013041482
43	41	94			0.917123938	0.011756194
44	42	95			0.928263842	0.010534931
45	43	96			0.938217508	0.009384729
46	44	97			0.947058707	0.008310687
47	45	98			0.954865373	0.00731606

(a)

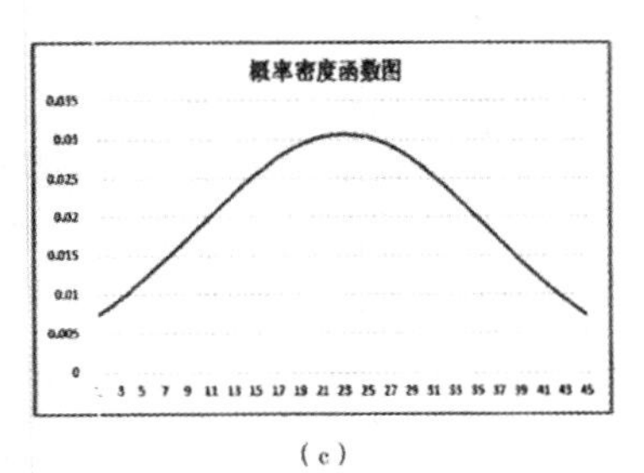

(c)

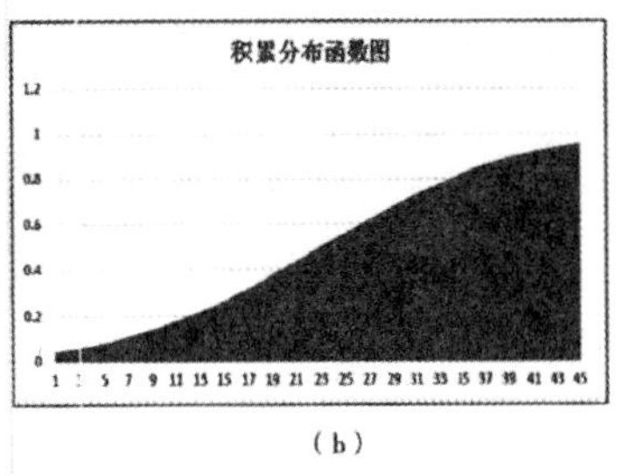

(b)

图 7-8　学生成绩分布正态图

(2)指数平滑法:是生产预测中常用的一种方法,也用于中短期经济发展趋势的预测。它兼容了全期平均和移动平均所长,不舍弃过去的数据,但是仅给予逐渐减弱的影响程度,即随着数据的远离,赋予逐渐收敛为零的权数。

(3)回归分析法:是在掌握大量观察数据的基础上,利用数理统计方法建立因变量与自变量之间的回归关系函数表达式。回归分析法不能用于分析与评价工程项目风险。

简单的全期平均法是对时间序列的过去数据全部加以同等利用;而移动平均法不考虑较远期的数据,并在加权移动平均法中给予近期资料更大的权重。

移动平均法根据预测时使用的各元素的权重不同,可以分为简单移动平均和加权移动平均。简单移动平均的各元素的权重都相等;加权移动平均给固定跨越期限内的每个变量值以不相等的权重。其原理是历史各期产品需求的数据信息对预测未来期内的需求量的作用是不一样的。

实例:一次移动平均法预测。

如图 7-9(a)所示,这是一份某企业 2015 年 12 个月的销售额情况表,表中记录了 1~12 月每个月的具体销售额,按移动期数为 3 来预测企业下一个月的销售额。

步骤 1:数据分析。打开销售额情况表,在“数据”选项卡的“分析”组中单击“数据分析”按钮,弹出“数据分析”对话框,在“分析工具”列表框中选择“移动平均”工具,单击“确定”按钮。

步骤 2:在弹出的“移动平均”对话框中设置“输入区域”为 B2:B13,“输出区域”为 C3,“间隔”为 3,如图 7-9(b)所示。

步骤 3:预测结果。单击“移动平均”对话框中的“确定”按钮后,运行结果会显示在单元格区域 C5:C13 中,图 7-9(b)中的第 14 行预测数据即是下月的预测值。

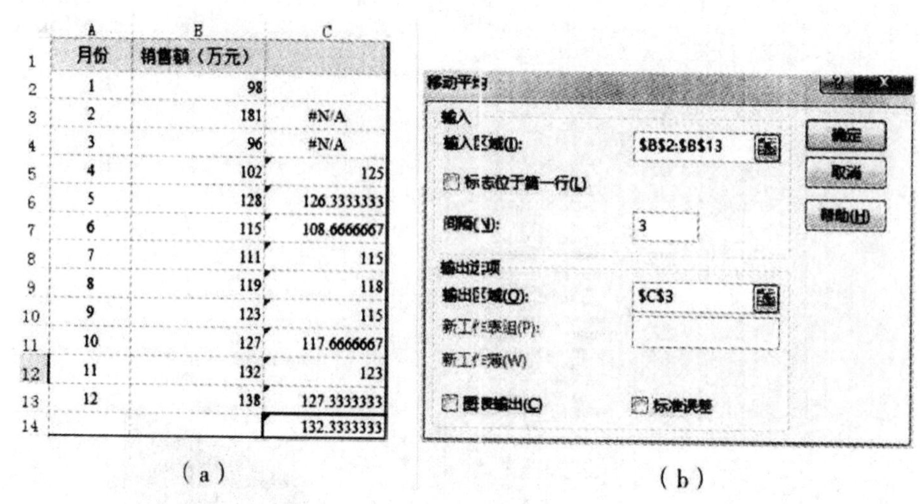

	A	B	C
1	月份	销售额（万元）	
2	1	98	
3	2	181	#N/A
4	3	96	#N/A
5	4	102	125
6	5	128	126.3333333
7	6	115	108.6666667
8	7	111	115
9	8	119	118
10	9	123	115
11	10	127	117.6666667
12	11	132	123
13	12	138	127.3333333
14			132.3333333

（a）　　（b）

图 7-9　预测结果

四、改变数据形式引起的图表变化

1.用负数突出数据的增长情况

在计算产值、增加值、产量、销售收入、实现利润和实现利税等项目的增长率时，经常使用的计算公式为：

增长率(%)=(报告期水平-基期水平)/基期水平×100%=增长量/基期水平×100%

其中报告期和基期构成一对相对的概念，报告期和基期的对称是指在计算动态分析指针时，需要说明其变化状况的时期；基期是作为对比基础的时期。

实例：增长率分析。

数据如图 7-10(a)所示，用“销售额”来表示数据增长情况并不为过，如图 7-10(b)所示，从图表中可以看出某年销售额的一个增长趋势。

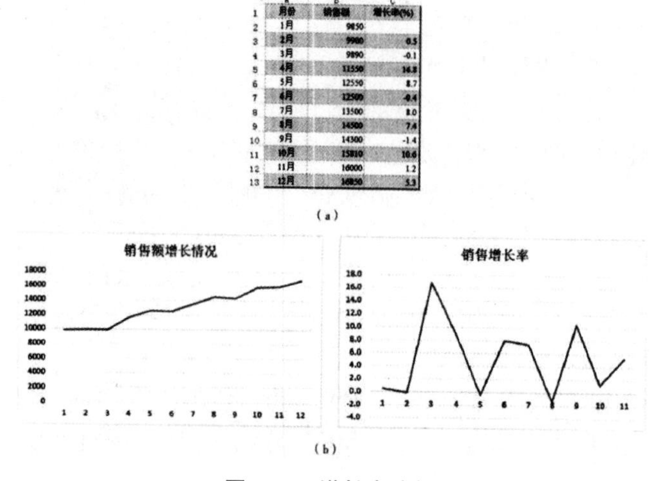

	A	B	C
1	月份	销售额	增长率(%)
2	1月	9850	
3	2月	9900	0.5
4	3月	9890	-0.1
5	4月	11550	16.8
6	5月	12550	8.7
7	6月	12500	-0.4
8	7月	13500	8.0
9	8月	14500	7.4
10	9月	14300	-1.4
11	10月	15810	10.6
12	11月	16000	1.2
13	12月	16850	5.3

（a）

（b）

图 7-10　增长率分析

在C3单元格中输入计算增长率的公式“=(B3-B2)/B2”,然后拖动鼠标指针填充C3。通过用增长额来分析,使数据波动的大小和负增长的情况并不那么显而易见。而在图7-10(c)图中,折线的起伏不定表示了数据的波动情况,而且在零基线上方展示了数据的正增长,还有一小部分在零基线下方,说明该年的销售额数据有负增长的情况——这就是用增长率来分析数据的优势。

2.重排关键字顺序使图表更合适

条形图和柱状图最常用于说明各组之间的比较情况。条形图是水平显示数据的唯一图表类型。因此,该图常用于表示随时间变化的数据,并带有限定的开始和结束日期。另外,由于类别可以水平显示,因此它还常用于显示分类信息。

实例:重排顺序。

在图7-11(a)中,选定B2单元格,切换至“数据”选项卡下,在“排序和筛选”组中单击“升序”按钮,便可得到如图7-11(b)所示的结果。

从图7-11(c)可知源数据的凌乱无序,无论是数据还是关键字都毫无规律可言。条形图与柱状图一样,在表示项目数据大小时,一般都会先对数据排序。图7-11(d)是对数值按从大到小的顺序排列后的效果。对于条形图,人们习惯将类别按从大至小的次序排列,也就是要将源数据按降序排列才会达到此效果。

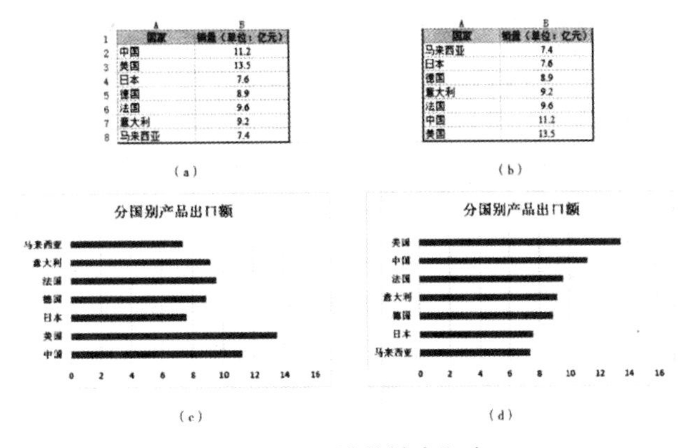

	A	B
1	国家	销量（单位：亿元）
2	中国	11.2
3	美国	13.5
4	日本	7.6
5	德国	8.9
6	法国	9.6
7	意大利	9.2
8	马来西亚	7.4

(a)

A	B
国家	销量（单位：亿元）
马来西亚	7.4
日本	7.6
德国	8.9
意大利	9.2
法国	9.6
中国	11.2
美国	13.5

(b)

(c) (d)

图7-11 重排关键字顺序

第四节 Excel数据可视化实际应用

一、直方图:对比关系

直方图是一种统计报告图,是表示资料变化情况的主要工具。直方图由一系列高度不等的纵向条纹或线段表示数据分布的情况,一般用横轴表示数据类型,纵轴表示分布情况。制作直方图的目的是通过观察图的形状,判断生产过程是否稳定,预测生产过程的质量。

1.以零基线为起点

零基线是以零作为标准参考点的一条线,在零基线的上方规定为正数,下方为负数,它相当于十字坐标轴中的水平轴。Excel 中的零基线通常是图表中数字的起点线,一般只展示正数部分。若是水平条形图,零基线与水平网格线平行;若是垂直条形图,则零基线与垂直网格线平行。

零基线在图表中的作用很重要。在绘图时,零基线的线条要比其他网格线线条粗、颜色重。如果直条的数据点接近于零,还需要将其数值标注出来。

此外,要看懂图表,必须先认识图例。图例是集中于图表一角或一侧的各种形状和颜色所代表内容与指标的说明。它具有双重任务,在编图时图解是表示图表内容的准绳,在用图时图解是必不可少的阅读指南。无论是阅读文字还是图表,人们习惯从上至下地去阅读,这就要求信息的因果关系应明确。在图表中,这一点也必须有所体现。例如,在默认情况下图例都是在底部显示的,而将图例放在图信息的上方,根据阅读习惯,可自然而然地加快阅读速度。

如果想删除多余标签,只显示部分的数据标签,可单击所有的数据标签,然后再双击需要删除的数据标签即可或单击单独的某个标签,再按 Delete 键便可删除。

2.垂直直条的宽度要大于条间距

在柱状图或条形图中,直条的宽度与相邻直条间的间隔决定了整个图表的视觉效果。即使表示的是同一内容,也会因为各直条的不同宽度及间隔而给人不同的印象。如果直条的宽度小于条间距,则会形成一种空旷感,这时读者在阅读图表时注意力会集中在空白处,而不是数据系列上。在一定程度上会误导读者阅读。

双击图中的直条形状,在打开窗格的“系列选项”下设置“分类间距”的百分比大小。分类间距百分比越大,直条形状就越细,条间距就越大,因此将分类间距调为小于或等于100%较为合适。

网格线的作用是方便读者在读图时进行值的参考,Excel 默认的网格线是灰色的,显示在数据系列的下方。如果把一个图表中举不可少的元素称为数据元素,其余的元素称为非数据元素,那么 Excel 中的网格线属于非数据元素,对于这类元素,应尽量减弱或者直接删除。例如,应该避免在水平条形图中使用网格线。

3.慎用三维效果的柱形图

在大多数情况下,使用三维效果的目的是为了体观立体感和真实感。但是,这并不适用于柱状图,因为柱状图顶部的立体效果会让数据产生歧义,导致其失去正确的判断。

如果想用 3D 效果展示图表数据,可以选用圆锥图表类型,圆锥效果将圆锥的顶点指向数据,也就是在图表中每个圆锥的顶点与水平网格线只有一个交点,使指向的数据是唯一的、确定的。

实例:柱形图的三维效果。

图 7-12(a)图中使用了三维效果展示各店一季度的销售额,细心的读者会疑惑直条的顶端与网格线相交的位置在哪里,也就是直条对应的数据到底是多少并不明确,这种错误在图表分析过程中是不可原谅的。因此切记不能将三维效果用在柱形图中,若要展示一定程度的立体感,可以选用不会产生歧义的阴影效果,如图 7-12(b)中的图表。

步骤 1:选中三维效果的图表,然后在“图表工具丨设计”选项卡下单击“类型”组中的“更改图表类型”按钮,在弹出的对话框中选择“簇状柱形图”,如图 7-12(c)所示。

步骤 2:若想为图表设计立体感,可以先选中系列,在“格式”选项卡中设置“形状效果”为“阴影-内部-内部下方”。

步骤 3:如果需要制作三维效果的圆锥图,可以先制作成三维效果的柱状图,然后双击图表中的数据系列,打开“设置数据系列格式”窗格,在“系列选项”下有一组“柱体形状”,单击“完整圆锥”按钮,即可将图表类型设计为三维效果的圆锥状,如图 7-12(d)所示。

在图表制作中,图表系列的颜色也很重要。例如,使用相似的颜色填充柱形图中的多直条,使系列的颜色由亮至暗地进行过渡布局,这样,较之于颜色鲜艳分明,得到的图表具有更强的说服力。因为在多直条种类中(一般保持在 4 种或 4 种以下),前者在同一性质(月份)下会使阅读更轻松,因为它们的颜色具有相似性,不会因为颜色繁多而眼花缭乱。

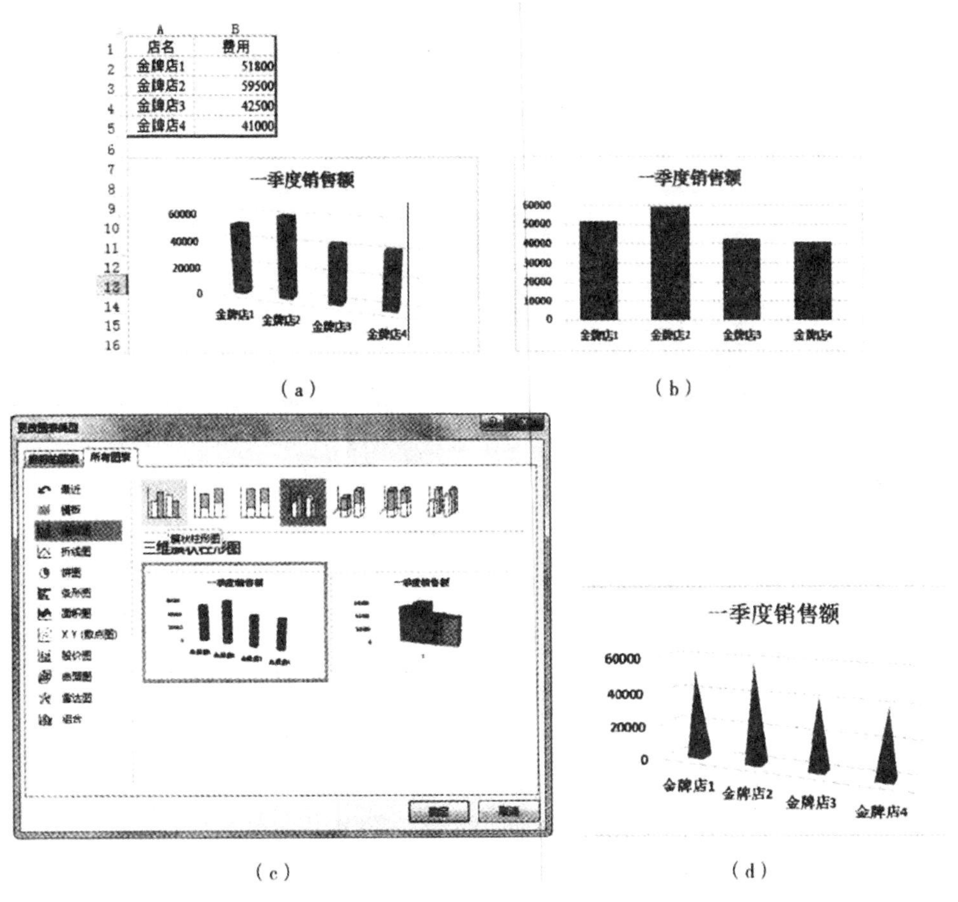

图 7-12　柱形图的三维效果

4.用堆积图表示百分数

柱形图按数据组织的类型分为簇状柱形图、堆积柱形图和百分比堆积柱形图,簇状柱形图用来比较各类别的数值大小;堆积柱形图用来显示单个项目与整体间的关系,比较各个类别的每个数值占总数值的大小;百分比堆积柱形图用来比较各个类别的每一数值占总数值的百分比。

二、折线图:按时间或类别显示趋势

折线图是用直线段将各数据点连接起来组成的图形,以折线方式显示数据的变化趋势和对比关系。折线图可以显示随时间数据常用比例设置而变化的连续数据,因此非常适用于显示在相等时间间隔下数据的趋势。在折线图中,类别数据沿水平轴均匀分布,所有值数据沿垂直轴均匀分布。但是,图表中如果绘制的折线图折线线条过多,会导致数据难以分析。与柱状图一样,折线图中的线条数也不宜多过,最好不要超过 4 条。

如果在图表中表达的产品数过多,则不适宜绘制在同一折线图中,此时,可以将每种产品各绘制成一种折线图,然后调整它们的 Y 轴坐标,使其刻度值保持一致。这样不仅可以直接对比不同的折线,还可以查看每种产品自身的销售情况。

1.减小 Y 轴刻度单位增强数据波动情况

在折线图中,可以显示数据点以表示单个数据值,也可以不显示这些数据点而表示某类数据的趋势。如果有很多数据点且它们的显示顺序很重要,折线图尤其有用。当有多个类别或数值是近似的,一般使用不带数据标签的折线图较为合适。

2.突出显示折线图中的数据点

在图表中单击,进而在图表右侧单击出现的“图表元素”项,勾选“数据标签”复选框,可为图表加上数据标签。也可以单击出现的数据标签,然后删除不需要出现的数据标签。

除了数据标签能直接分辨出数据的转折点外,还有一个方法,就是在系列线的拐弯处用一些特殊形状标记出来,这样就可轻易分辨出每个数据点。

虽然折线图和柱状图都能表示某个项目的趋势,但是柱状图更加注重直条本身的长度,即直条所表示的值,因此一般都会将数据标签显示在直条上。若在较多数据点的折线图中显示数据点的值,不但数据之间难以辨别所属系列,而且整个图表也会失去美观性。只有在数据点相对较少时,显示数据标签才可取。

选择好标记数据点的形状类型后,根据折线的粗细调整形状大小,再为形状填充不同于折线本身的线条颜色加以强调。

3.通过面积图显示数据总额

在折线图中添加面积图,属于组合图形中的一种。面积图又称区域图,它强调数量随时间而变化的程度,可引起人们对总值趋势的注意。例如,表示随时间而变化的利润的数据可以绘制在折线图中添加面积图以强调总利润。

如果需要在同一图表中绘制多组折线,也同样可以参考上面的方法和样式进行设计制作,但在操作过程中需要注意数据系列的叠放顺序问题。

三、圆饼图:部分占总体的比例

圆饼图是用扇形面积,也就是圆心角的度数来表示数量。圆饼图主要用来表示组数不多的品质资料或间断性数量资料的内部构成,仅有一个要绘制的数据系列,要绘制的数值没有负值,且数值几乎没有零值;各类别分别代表整个圆饼图的一部分,各个部分需要标注百分比,且各部分百分比之和必须是 100%。对于圆饼图,可以根据圆中各个扇形面积的大小,来判断某一部分在总体中所占比例的多少。

1.重视圆饼图扇区的位置排序

实例:圆饼图扇区。

在图 7-13(a)中,数据是按降序排列的,因此圆饼图中切片的大小以顺时针方向逐渐减小。这其实不符合读者的阅读习惯。人们习惯从上至下地阅读,并且在圆饼图中,如果按规定的顺序显示数据,会让整个圆饼图在垂直方向上有种失衡的感觉,正确的阅读方式是从上往下阅读的同时还会对圆饼图左右两边的切片大小进行比较。因此需要对数据源重新排序,使其呈现出图 7-13(b)中的效果。

步骤 1:为了让圆饼图的切片排列合理,需要将原始的表格数据重新排序,其排序结果如图 7-13 中的右表所示,这样排序的目的是将切片大小合理地分配在圆饼图的左右两侧。

圆饼图的切片分布一般是将数据较大的两个扇区设置在水平方向的左右两侧。其实,除了通过更改数据源的排序顺序改变圆饼图切片的分布位置外,还可以对圆饼图切片进行旋转,使圆饼图的两个较大扇区分布在左右两侧。

步骤 2:双击圆饼图的任意扇区,打开“设置数据系列格式”窗格,在“系列选项”组中调整“第一扇区起始角度”为“240°”,即将原始的圆饼图第一个数据的切片按顺时针旋转240°后的结果。

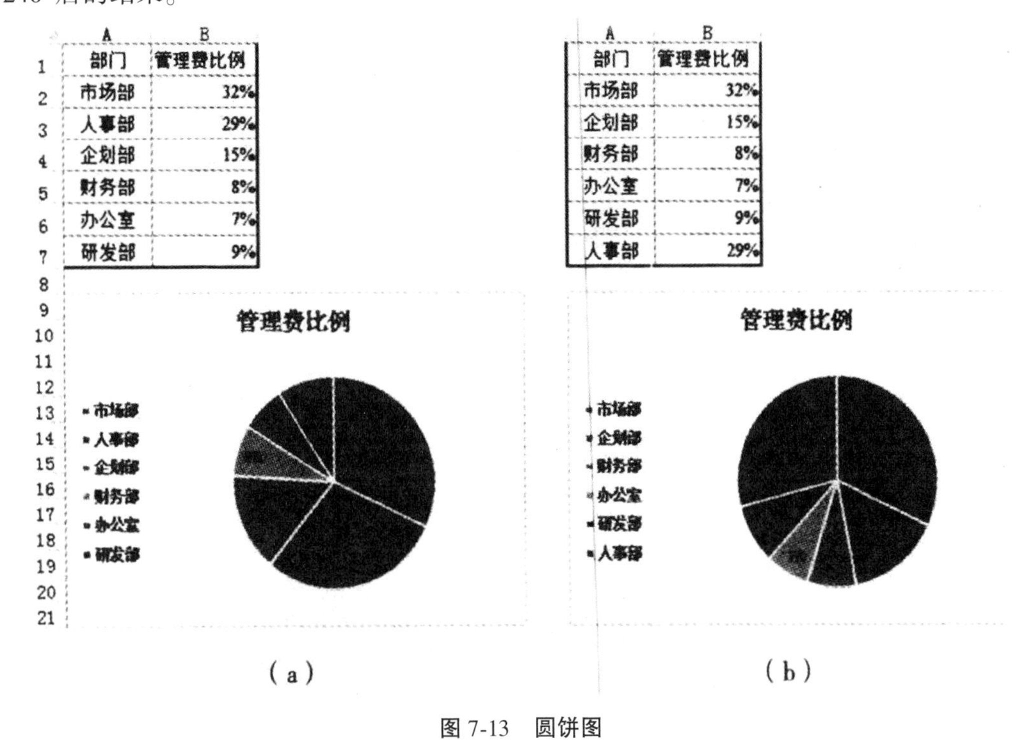

图 7-13　圆饼图

2.分离圆饼图扇区强调特殊数据

用颜色反差来强调需要关注的数据在很多图表中是较适用的,但是圆饼图中,可用一种更好的方式来表达,就是将需要强调的扇区分离出来。

“圆饼图分离程度”值越大,扇区之间的空隙也就越大。注意,因为选取的是整个圆饼图,所以在“第一扇区起始角度”下方显示的是“圆饼图分离程度”,如果选中的是某个扇区,则“第一扇区起始角度”下方显示的就是“点爆炸型”。

3.用半个圆饼图刻画半期内的数据

一个圆形无论从时间上还是空间上都给读者一种完整感,当圆形缺失某个角时,会让人产生“有些数据不存在”的直觉。在此基础上,可以对圆饼图进行升级处理,将表示半期内的数据用圆饼图的一半去展示,这样在时间上就会引导读者联想到后半期的数据。

常见的圆饼图有平面圆饼图、三维圆饼图、复合圆饼图、复合条圆饼图和圆环图,它们在表示数据时各有特点。但无论对于哪种类型的圆饼图,都不适于表示数据系列较多的数据,数据点较多只会降低图表的可读性,不利于数据的分析与展示。

4.让多个圆饼图对象重叠展示对比关系

任何看似复杂的图形都是由简单的图表叠加、重组而成的。有时为了凸显信息的完整性,需要将分散的点聚集在一起,在图表的设计中也需要利用这一思想来优化图表,让图表在表达数据时更直接有效。

实例:堆叠圆饼图。

在图 7-14(a),用了 3 个独立的图表展示 3 个店的利润结构,如果将这 3 个店看作一个整体,这样分散的展示不方便读者进行对比。若将 3 个图表进行叠加组合在一起,如图 7-13(b)所示,这样不仅能表示出整个公司是一个整体,还使各店之间形成一种强烈的对比关系,视觉效果和信息传递的有效性比图 7-14(a)的要强烈。因此在图表的展示过程中,不仅需要数据的清晰表示,还需要在形式上做到“精益求精”。

步骤 1:依据图 7-14 中的数据表格分别绘制 3 个店的圆饼图,图表区设置为“无填充”和“无线条”样式,如图 7-14(a)所示。

步骤 2:打开“设置数据点格式”窗格,设置每个圆饼图中第一扇区起始角度值,使 3 个圆饼图的“系列 A”所表示的扇区显示在图表的里边。再缩放店 2 和店 3 的图表到合适比例,然后依次层叠地放置在圆饼图上。

步骤 3:将 3 个圆饼图重叠在一起后,单击“图表工具 I 格式”选项卡“排列”组中的“组合”按钮,将 3 个饼图组合起来如图 7-14(b)所示。

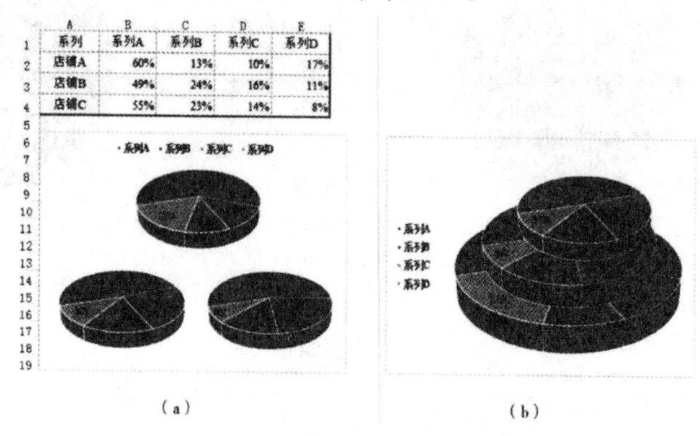

系列	系列A	系列B	系列C	系列D
店铺A	60%	13%	10%	17%
店铺B	49%	24%	16%	11%
店铺C	55%	23%	14%	8%

(a) (b)

图 7-14　堆叠圆饼图

四、散点图:表示分布状态

散点图在回归分析中是指数据点在直角坐标系平面上的分布图,通常用于比较跨类别的聚合数据。散点图中包含的数据越多,比较的效果就越好。

散点图通常用于显示和比较数值,如科学数据、统计数据和工程数据。当不考虑时间的情况而比较大量数据点时,散点图就是最好的选择。散点图中包含的数据越多,比较的效果就越好。在默认情况下,散点图以圆点显示数据点。如果在散点图中有多个序列,可考虑将每个点的标记形状更改为方形、三角形、菱形或其他形状。

1.用平滑线联系散点图增强图形效果

实例:平滑线联系散点图。

图 7-15(a)是普通的散点图,数据点的分布展示了不同年龄段的月均网购金额,从图表中可以分析出月均网购金额较高的人群主要集中在 30 岁;但是对比图 7-15(b),发现在连续的年龄段上,图 7-15(a)中的数据较密的点不容易区分;而图 7-15(b)中将所有数据点通过年龄的增加联系起来,不但表示了数据本身的分布情况,还表示了数据的连续性。用带平滑线和数据标记的散点图来表示这样的数据比普通的散点效果更好。

步骤 1:依据图 7-15 中表格的数据绘制散点图,如图 7-15(a)所示。

步骤 2:选中图表,在“图表工具|设计”选项卡的“类型”组中单击“更改图表类型”按钮,然后在弹出的对话框中选择 XY 散点图中的“带平滑线和数据标记的散点图”即可。

步骤 3:更改图表类型后,双击图表中的数据系列,打开“设置数据系列”窗格,单击“填充”组中的“标记”按钮,然后将线条颜色改为与标记点相同的深蓝色,如图 7-15(b)所示。

气泡图与 XY 散点图类似,不同之处在于,XY 散点图对成组的两个数值进行比较;而气泡图允许在图表中额外加入一个表示大小的变量,因此气泡图是对成组的 3 个数值进行比较,且第 3 个数值确定气泡数据点的大小。

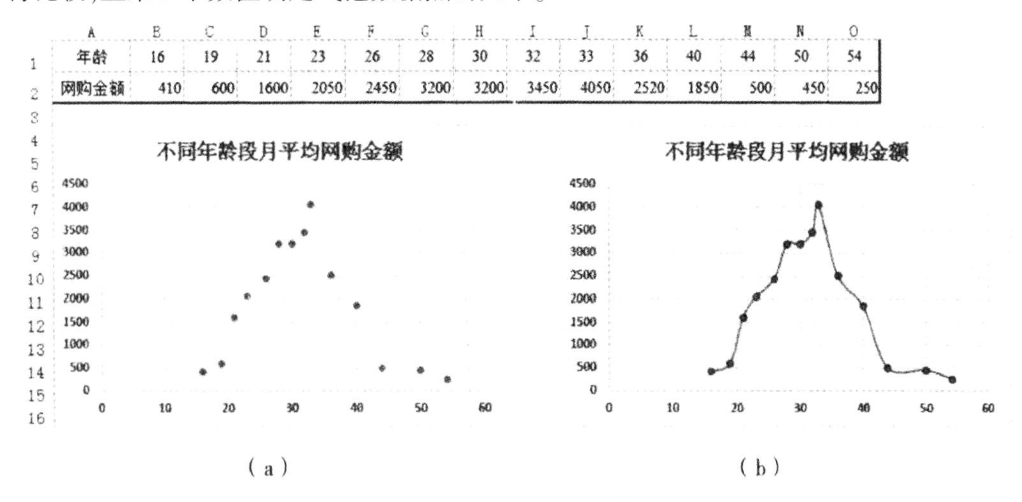

A	B	C	D	E	F	G	H	I	J	K	L	M	N	O
年龄	16	19	21	23	26	28	30	32	33	36	40	44	50	54
网购金额	410	600	1600	2050	2450	3200	3200	3450	4050	2520	1850	500	450	250

图 7-15 平滑线联系散点图

2.将直角坐标改为象限坐标凸显分布效果

制作气泡图一般是为了查看被研究数据的分布情况,因此在设计气泡图时,运用数学中的象限坐标来体现数据的分布情况是最直接的效果。这时图表被划分的象限虽然表示了数据的大小,但不一定出现负数,这需要根据实际被研究数据本身的范围来确定。

实例:象限坐标。

对图 7-16 中的图表可以发现,前者虽然能看出每个气泡(地区)的完成率和利润率,但是没有后者的效果明显;而后者将完成率和利润率划分了 4 个范围(4 个象限),通过每个象限出现的气泡判断各地区的日进度和利润情况,而且根据气泡所在象限位置地区之间的对比也更加明显。另外,在图 7-16(b)中气泡上显示了地区名称,这一点在图 7-16(a)中没有体现出来。

步骤 1:选定数据区域中的任意单元格,插入散点图中的气泡图,如图 7-16(a)所示。

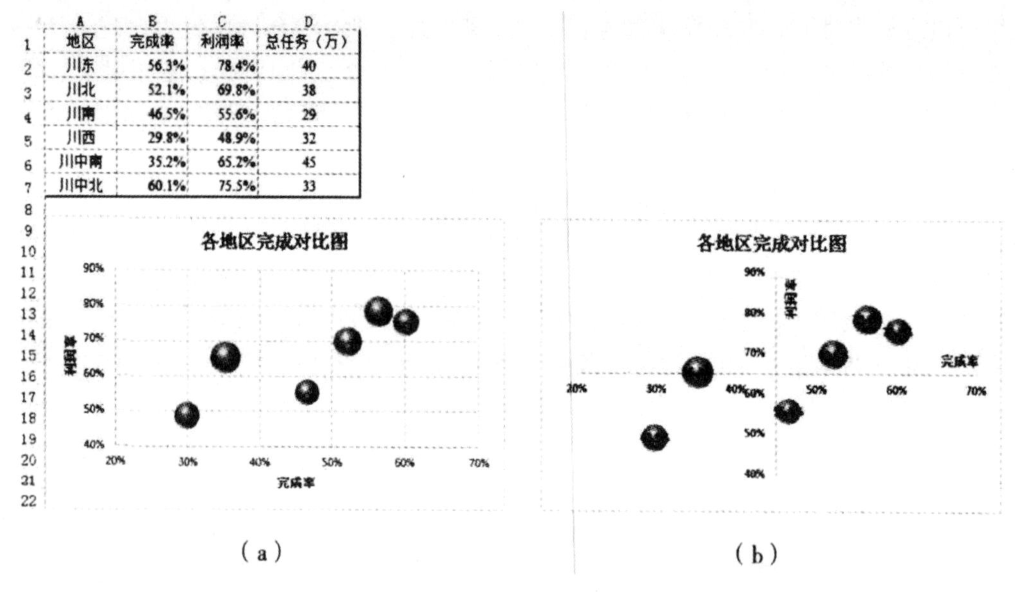

	A	B	C	D
1	地区	完成率	利润率	总任务(万)
2	川东	56.3%	78.4%	40
3	川北	52.1%	69.8%	38
4	川南	46.5%	55.6%	29
5	川西	29.8%	48.9%	32
6	川中南	35.2%	65.2%	45
7	川中北	60.1%	75.5%	33

图 7-16 象限坐标

步骤 2:打开“选择数据源”对话框,单击“编辑”按钮,在弹出的“编辑数据系列”对话框中设置各项内容。

步骤 3:双击纵坐标轴,在“设置坐标轴格式”窗格中,展开“坐标轴选项”下拉列表,选择“横坐标轴交叉”组中的“坐标轴值”单选按钮,并在右侧的文本框中输入“0.65”;双击图表中的横坐标,设置“横坐标轴交叉”组中的“坐标轴值”为“0.45”。

步骤 4:选中图表中的气泡并右击,在弹出的快捷菜单中单击“添加数据标签”命令,然后选中标签并右击,再单击“设置数据标签格式”命令,在弹出的窗格中,取消选择“标签包括”组中的“Y 值”复选框,勾选“单元格中的值”复选框,在弹出的对话框中选择表格中的“地区”列,这一操作是将地区名称显示出来。然后设置“标签位置”为“居中”方式,完成如图 7-16(b)所示。

五、侧重点不同的特殊图表

除了直方图、折线图、圆饼图、散点图等传统数据分析图表外，还有一些特殊的数据图表可用于不同的数据分析和可视化要求，如子弹图、温度计、滑珠图、漏斗图等。

1.用子弹图显示数据的优劣

在Excel中制作子弹图能清晰地看到计划与实际完成情况的对比，常常用于销售、营销分析、财务分析等。用子弹图表示数据，使数据之间的比较变得十分容易。同时读者也可快速地判断数据和目标及优劣的关系。为了便于对比，子弹图的显示通常采用百分比而不是绝对值。

2.用温度计展示工作进度

温度计式的Excel图表以比较形象的动态显示某项工作完成的百分比，指示出工作的进度或某些数据的增长。这种图表就像一个温度计一样，会根据数据的改动随时发生直观的变化。要实现这样一个图表效果，关键是用一个单一的单元格(包含百分比值)作为一个数据系列，再对图表区和柱形条填充具有对比效果的颜色。

实例：温度计图。

图7-17反映了半个月内员工的工作进度。图7-17(b)以员工实际拜访的客户数作为纵坐标值，将“目前总数”和“目标数”用两个柱形表示。而图7-17(a)用实际拜访的客户数除以目标数的百分比作为纵坐标值，在图表中只展示“达成率”这个值。表格中的“达成率”是一个动态的数值，当数据逐渐录入完成后，“达成率”也就越来越接近100%，图表中的红色区域也就逐渐掩盖黑色区域，像一个温度计达到最高温度那样。用温度计图来表示这样的动态数据很实用。

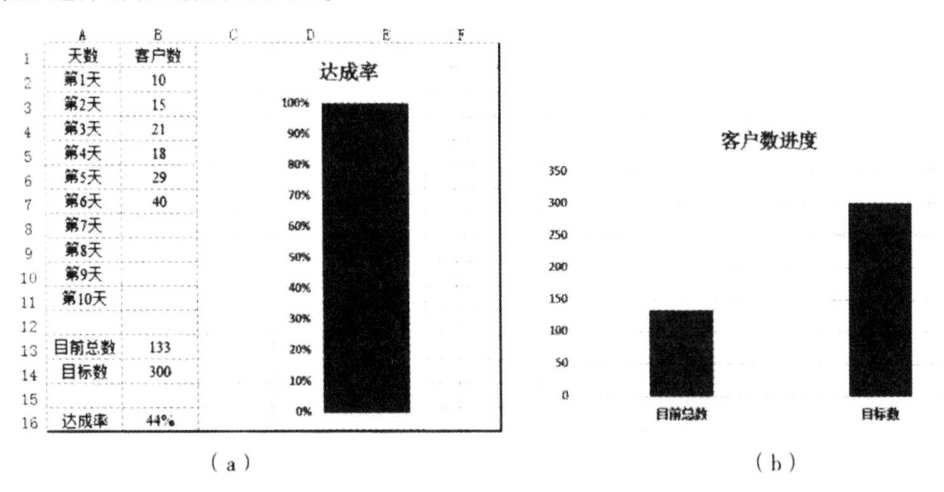

图7-17 温度计图

3.用漏斗图进行业务流程的差异分析

漏斗图是由Light与Pillemer于1984年提出的，它是元分析的有用工具。在Excel中绘制漏斗图需要借助堆积条形图来实现，漏斗图适用于业务流程比较规范、周期长、环节多的流程分析，通过漏斗各环节业务数据的比较，能够直观地发现和说明问题。

第八章　大数据的创造力与预测分析

第一节　大数据激发创造力

一、大数据与循证医学

传统医学以个人经验、经验医学为主，即根据非实验性的临床经验、临床资料和对疾病基础知识的理解来诊治病人。在传统医学下，医生根据自己的实践经验、高年资医师的指导、教科书和医学期上零散的研究报告为依据来处理病人。其结果是：一些真正有效的疗法因不为公众所了解而长期未被临床采用；一些实践无效甚至有害的疗法因从理论上推断可能有效反而长期广泛使用。

循证医学（Evidence-based medicine，简称 EBM）意为“遵循证据的医学”，又称实证医学，其核心思想是医疗决策（病人的处理、治疗指南和医疗政策的制定等）应在现有的最好的临床研究依据基础上做出，同时也重视结合个人的临床经验。

第一位循证医学的创始人科克伦（1909~1988），是英国的内科医生和流行病学家，他于 1972 年在牛津大学提出了循证医学思想。第二位循证医学的创始人费恩斯坦（1925~），是美国耶鲁大学的内科学与流行病学教授，他是现代临床流行病学的开山鼻祖之一。第三位循证医学的创始人萨科特（1934~）也是美国人，他曾经以肾脏病和高血压为研究课题，先在实验室中进行研究，后来又进行临床研究，最后转向临床流行病学的研究。

就实质而言，循证医学的方法与内容来源于临床流行病学。费恩斯坦在美国的《临床药理学与治疗学》杂志上，以“临床生物统计学”为题，从 1970 年到 1981 年的 11 年间，共发表了 57 篇的连载论文，他的论文将数理统计学与逻辑学导入到临床流行病学，系统地构建了临床流行病学的体系，被认为富含极其敏锐的洞察能力，因此为医学界所推崇。

循证医学不同于传统医学。循证医学并非要取代临床技能、临床经验、临床资料和医学专业知识，它只是强调任何医疗决策应建立在最佳科学研究证据基础上。循证医学实践既重视个人临床经验又强调采用现有的、最好的研究证据，两者缺一不可。

1992 年，来自安大略麦克马斯特大学的两名内科医生戈登·盖伊特和大卫·萨基特发表了呼吁使用“循证医学”的宣言。他们的核心思想很简单：医学治疗应该基于最好的证据，而且如果有统计数据的话，最好的证据应来自对统计数据的研究。盖伊特和萨基特希望统计数据在医疗诊断中起到更大的作用。

医生应该特别重视统计数据的这种观点，直到今天仍颇受争议。从广义上来说，努力推广循证医学，就是在努力推广大数据分析，事关统计分析对实际决策的影响。对于循证医学的争论在很大程度上是关于统计学是否应该影响实际治疗决策的争论。其中很多研究仍在利用随机试验的威力,只不过现在风险大得多。由于循证医学运动的成功,一些医生在把数据分析结果与医疗诊断相结合方面已经加快了步伐。

二、大数据带来的医疗新突破

根据美国疾病控制中心(CDC)的研究,心脏病是美国的第一大致命杀手,每年250万的死亡人数中,约有60万人死于心脏病,而癌症紧随其后(在中国,癌症是第一致命杀手,心血管疾病排名第二)。1995年,在25~44岁的美国人群中,艾滋病是致死的头号原因(现在已降至第六位)。死者中每年仅有2/3的人死于自然原因。那么情况不严重但影响深远的疾病又如何呢,如普通感冒。据统计,美国民众每年总共会得10亿次感冒,平均每人3次。普通感冒是各种鼻病毒引起的,其中大约有99种已经排序,种类之多是普通感冒长久以来如此难治的根源所在。

在医疗保健方面的应用,除了分析并指出非自然死亡的原因,大数据同样也可以增加医疗保健的机会、提升生活质量、减少因身体素质差造成的时间和生产力损失。

以美国为例,通常一年在医疗保健上要花费27万亿美元,即人均8650美元。随着人均寿命增长,婴儿出生死亡率降低,更多的人患上了慢性病,并长期受其困扰。如今,因为注射疫苗的小孩增多,所以减少了5岁以下小孩的死亡数。而除了非洲地区,肥胖症已成为比营养不良更严重的问题。在比尔与美琳达·盖茨基金会以及其他人资助的研究中,科学家发现,虽然世界人口平均寿命变长,但大家的身体素质却下降了。所有这些都表明我们亟需提供更高效的医疗保健,尽可能地帮助人们跟踪并改善身体健康。

1.量化自我,关注个人健康

谷歌联合创始人谢尔盖·布林的妻子安妮沃西基(同时也是公司的首席执行官)2006年创办了DNA测试和数据分析公司23andMe。公司并非仅限于个人健康信息的搜集和分析,而是将眼光放得更远,将大数据应用到了个人遗传学上,至今已分析了超过20万人的唾液。

通过分析人们的基因组数据,公司确认了个体的遗传性疾病,如帕金森氏病和肥胖症等遗传倾向。通过搜集和分析大量的人体遗传信息数据,该公司不仅希望可以识别个人遗传风险因素以帮助人们增强体质并延年益寿,而且希望能识别更普遍的趋势。通过分析,公司已确定了约180个新的特征,例如所谓的"见光喷嚏反射",即人们从阴暗处移动到阳光明媚的地方时会有打喷嚏的倾向;还有一个特征则与人们对药草、香菜的喜恶有关。

事实上,利用基因组数据来为医疗保健提供更好的洞悉是自1990年以来所做努力的合情合理的下一步。人类基因计划组(HGP)绘制出总数约23000组的基因组,而这所有的基因组也最终构成了人类的DNA。这一项目费时13年,耗资38亿美元。

值得一提的是,存储人类基因数据并不需要多少空间。有分析显示,人类基因存储空间仅占20MB,和在iPad中存几首歌所占的空间差不多。其实随意挑选两个人,他们的DNA约99.5%都完全一样。因此,通过参考人类基因组的序列,我们也许可以只存储那些将此序列转化为个人特有序列所必需的基因信息。

DNA最初的序列在捕捉的高分辨率图像中显示为一列DNA片段。虽然个人的DNA

信息以及最初的序列形式会占据很大空间,但是,一旦序列转化为DNA的As、Cs、Gs和Ts,任何人的基因序列就可以被高效地存储下来。

数据规模大并不一定能称其为大数据。真正体现大数据能量的是不仅要具备搜集数据的能力,还要具备低成本分析数据的能力。虽然,人类最初的基因组序列分析耗资约38亿美元,如今只需花大概99美元就能在23andMe网站上获取自己的DNA分析。业内专家认为,基因测序成本在短短10年内跌了几个数量级。

2.可穿戴的个人健康设备

Fitbit是美国的一家移动电子医疗公司,致力于研发和推广健康乐活产品,从而帮助人们改变生活方式,其目标是通过使保持健康变得有趣来让其变得更简单。2015年6月19日Fitbit上市,成为纽交所可穿戴设备的第一股。该公司所售的一项设备可以跟踪人一天的身体活动,还有晚间的睡眠模式。Fitbit公司还提供一项免费的苹果手机应用程序,可以让用户记录他们的食物和液体摄入量。通过对活动水平和营养摄入的跟踪,用户可以确定哪些有效、哪些无效。营养学家建议,准确记录我们的食物和活动量是控制体重的最重要一环,因为数字明确且具有说服力。Fitbit公司正在搜集关于人们身体状况、个人习惯的大量信息,如此一来,它就能将图表呈现给用户,从而帮助用户直观地了解自己的营养状况和活动水平,而且,它能就可改善的方面提出建议。

耐克公司推出了类似的产品Nike+FuelBand,即一条可以戴在手腕上搜集每日活动数据的手环。这一设备采用了内置加速传感器来检测和跟踪每日的活动,如跑步、散步以及其他体育运动。加上NikePlus网站和手机应用程序的辅助,这一设备令用户可以更加方便地跟踪自己的活动行为、设定目标并改变习惯。耐克公司也为其知名的游戏系统提供训练计划,使用户在家也能健身。使用这一款软件,用户可以和朋友或其他人在健身区一起训练。这一想法旨在让健身活动更有乐趣、更加轻松,同时也更社交化。

另一款设备是可穿戴技术商身体媒体公司(BodyMedia)推出的BodyMedia臂带,它每分钟可捕捉到5000多个数据点,包括体温、汗液、步伐、卡路里消耗及睡眠质量等。

Stmva公司通过将这些挑战搬到室外,把现实世界的运动和虚拟的比赛结合在一起。公司推出的适用于苹果手机和安卓系统的跑步和骑车程序,为充分利用体育活动的竞技属性而经过了专门的设计。健身爱好者可以通过拍摄各种真实的运动片段来角逐排行榜,如挑战单车上险坡等,并在Strava网站上对他们的情况进行比较。

据出自美国心脏协会的文章《非活动状态的代价》称,65%的成年人不是肥胖就是超重。自1950年以来,久坐不动的工作岗位增加了83%,而仅有25%的劳动者从事的是身体活动多的工作。美国人平均每周工作47小时,相比几十年前,每年的工作时间增加了164小时。据估计,美国公司每年与健康相关的生产力损失高达2258亿美元。因此,类似Fitbit和Nike+FuelBand这种的设备对不断推高医疗保健和个人健康的成本确实影响很大。

另一个苹果手机的应用程序可以通过审查面部或检测指尖上脉搏跳动的频率来检查心率。生理反馈应用程序公司Azumio的程序被下载了2000多万次,这些程序几乎无所不能,从检测心率到承压水平测试都可以。随着前来体验测量的用户数据不断增加,公司就足以提供更多建设性的保健建取。

Azumio 公司推出了一款叫“健身达人”的健身应用程序，还有一款叫作“睡眠时间”的应用，它可以通过苹果手机检测睡眠周期。这样的应用程序为大数据和保健相结合提供了有趣的可能性。通过这些应用程序搜集到的数据，可以了解正在发生什么以及身体状况走势如何。比如，如果心律不齐，就表示健康状况出现了某种问题。通过分析数百万人的健康数据，科学家们可以开发更好的算法来预测我们未来的健康状况。

回溯过去，检测身体健康发展情况需要用到特殊的设备，或是花费高额就诊费去医生办公室问诊。新型应用程序最引人注目的一面是：它们使得健康信息的检测变得更简单易行。低成本的个人健康检测程序以及相关技术甚至“唤醒”了全民对个人健康的关注。

新应用程序表明，当配备合适的软件时，低价的设备或唾手可得的智能手机可以帮助我们搜集到很多的健康数据。将这种数据搜集能力、低成本的分析、可视化云服务与大数据以及个人健康领域相结合，将在提升健康状况和减低医疗成本方面发挥出巨大的潜力。

就如大数据的其他领域一样，改善医疗和普及医疗的进展前景位于两者的交汇处——相对低价的数据搜集感应器的持续增多，如苹果手机和为其定制的医疗附加软件，以及这些感应器生成的大数据量的攀升。通过把病例数字化和能为医生提供更优信息的智能系统相结合，不管是在家还是医诊室，大数据都有望对我们的身体健康产生重大影响。

3.大数据时代的医疗信息

就算有了这些可穿戴设备与应用程序，我们依然需要去看医生。大量的医疗信息搜集工作依然靠纸笔进行。纸笔记录的优势在于方便、快捷、成本低廉。但纸笔做的记录会分散在多处，这就会导致医疗工作者难以找到患者的关键医疗信息。

2009 年美国颁布的《卫生信息技术促进经济和临床健康法案》（HITECH）旨在促进医疗信息技术的应用，尤其是电子健康档案（EHR）的推广。该法案也在 2015 年给予医疗工作者经济上的激励，鼓励他们采用电子健康档案，同时会对不采用者施以处罚。电子病历是纸质记录的电子档，如今许多医生都在使用。相比之下，电子健康档案意图打造病人健康概况的普通档案，这使得它能被医疗工作者轻易接触到。医生还可以使用一些新的 APP 应用程序，在苹果平板电脑、苹果手机、搭载安卓系统的设备或网页浏览器上搜集病人的信息。除了可以搜集过去用纸笔记录的信息，医生们还将通过这些程序实现从语言转换到文本的听写、搜集图像和视频等其他功能。

电子健康档案、DNA 测试和新的成像技术在不断产生大量数据。搜集和存储这些数据对于医疗工作者而言是一项挑战，也是一个机遇。不同于以往采用的封闭式的医院 IT 系统，更新、更开放的系统与数字化的病人信息相结合可以带来医疗突破。

如此种种分析也会给人们带来别样的见解。比如，智能系统可以提醒医生使用与自己通常推荐的治疗方式相关的其他治疗方式和程序。这种系统也可以告知那些忙碌无暇的医生某一领域的最新研究成果。这些系统搜集、存储的数据量大得惊人，越来越多的病患数据会采用数字化形式存储，不仅是填写在健康问卷上或医生记录在表格里的数据，还包括苹果手机和苹果平板电脑等设备以及新的医疗成像系统（比如 X 光机和超音设备）生成的数字图像。

就大数据而言，这意味着未来将会出现更好、更有效的患者看护，更为普及的自我监控以及防护性养生保健,当然也意味着要处理更多的数据。其中的挑战在于,要确保所搜集的数据能够为医疗工作者以及个人提供重要的见解。

三、医疗信息数字化

早在19世纪40年代,奥地利内科医生伊格纳茨·塞麦尔维斯就在维也纳完成了一项关于产科临床的详细的统计研究。塞麦尔维斯在维也纳大学总医院首次注意到,如果住院医生从验尸房出来后马上为产妇接生,产妇死亡的概率更大。当他的同事兼好朋友杰克伯·克莱斯卡死于剖腹产时的热毒症时,塞麦尔维斯得出一个结论:孕妇分娩时的发烧具有传染性。他发现,如果诊所里的医生和护士在给每位病人看病前用含氯石灰水洗手消毒,那么死亡率就会从12%下降到2%。

这一最终产生病理细菌理论的惊人发现遇到了强烈的阻力,塞麦尔维斯也受到其他医生的嘲笑。他主张的一些观点缺乏科学依据,因为他没有充分解释为什么洗手会降低死亡率,医生们不相信病人的死亡是由他们所引起的,他们还抱怨每天洗好几次手会浪费他们宝贵的时间。塞麦尔维斯最终被解雇,后来他精神严重失常,并在精神病院去世,享年47岁。

塞麦尔维斯的死是一个悲剧,产生成千上万不必要的死亡更是一种悲剧,不过它们都已成为历史,现在的医生当然知道卫生的重要性。

唐·博威克是一名儿科医生,也是保健改良咏会的会长,他鼓励进行一些大胆的对比试验。多年来,博威克一直致力于减少医疗事故,他也与塞麦尔维斯一样努力根据循证医学的结果提出简单的改革建议。

1999年发生的两件不同寻常的事情,使得博威克开始对医院系统进行广泛的改革。第一件事是医学协会公布的一份权威报告,记录了美国医疗领域普遍存在的治疗失误。据该报告估计,每年医院里有98000人死于可预防的治疗失误。医学协会的报告使博威克确信治疗失误的确是一大隐患。

第二件事是发生在博威克自己身上的事情。博威克的妻子安患有一种罕见的脊椎自体免疫功能紊乱症。在3个月的时间里,她从完成28km的阿拉斯加跨国滑雪比赛后变得几乎无法行走。使博威克震惊的是他妻子所在医院懒散的治疗态度。每次新换的医生都不断重复地询问同样的问题,甚至不断开出已经证明无效的药物。主治医生在决定使用化疗来延缓安的健康状况的“关键时间”之后的足足60小时,安才吃到最终开出的第一剂药。而且有3次,安被半夜留在医院地下室的担架床上,既惶恐不安又孤单寂寞。

安从住院治疗,博威克就开始担心。他已经失去了耐性,他决定要做点什么了。2004年12月,他大胆地宣布了一项在未来一年半中挽救10万人生命的计划“10万生命运动”。这项运动是对医疗体系的挑战,敦促它们采取6项医疗改革来避免不必要的死亡。他并不仅仅希望进行细枝末节的微小变革,也不要求提高外科手术的精度,与之前的塞麦尔维斯一样,他希望医院能够对一些最基本的程序进行改革。例如,很多人做过手术后处于空调环境中会引发肺部感染。随机试验表明,简单地提高病床床头以及经常清洗病人口腔,就可以大大降低感染的几率。博威克反复地观察临危病人的临床表现,并努力找出可能降低这些特定风险的干预方法的大规模统计数据。循证医学研究也建议进行检查和复查,以确保能够正确地开药和用药,能够采用最新的心脏电击疗法,以及确保在病人刚出现不良症状时就有快速反应小组马上赶到病榻前。因此,这些干预也都成为了"10 万生命运动"的一部分。

然而,博威克最令人吃惊的建议是针对最古老的传统。他注意到每年有数千位 ICU(重症加强护理病房)病人在胸腔内放置中央动脉导管后感染而死。大约一半的重症看护病人有中央动脉导管,而 ICU 感染是致命的。于是,他想看看是否有统计数据能够支持降低感染概率的方法。

他找到了《急救医学》杂志上 2004 年发表的一篇文章,文章表明系统地洗手(再配合一套改良的卫生清洁程序,比如,用一种称为双氯苯双胍己烷的消毒液清洗病人的皮肤)能够减少中央动脉导管 90%以上感染的风险。博威克预计,如果所有医院都实行这套卫生程序,就有可能每年挽救 25000 个人的生命。

博威克认为,医学护理在很多方面可以学习航空业,现在的飞行员和乘务人员的自由度比以前少得多。他向联邦航空局提出,必须在每次航班起飞之前逐字逐句宣读安全警告。"研究得越多,我就越坚信,医生的自由度越少,病人就会越安全,"他说,"听到我这么说,医生会很讨厌我。"

博威克还制定了一套有力的推广策略。他不知疲倦地到处奔走,发表慷慨激昂的演说。他的演讲有时听起来就像是复兴大会上的宣讲。在一次会议上,他说:"在场的每一个人都将在会议期间挽救 5 个人的生命。"他不断地用现实世界的例子来解释自己的观点,他深深痴迷于数字。与没有明确目标的项目不同,他的"10 万生命运动"是全国首个明确在特定时间内挽救特定数目生命的项目。该运动的口号是:"没有数字就没有时间。"

该运动项目与 3000 多家医院签订了协议,涵盖全美 75%的医院床位。大约有 1/3 的医院同意实施全部 6 项改革,一半以上的医院同意实施至少 3 项改革。该运动实施之前,美国医院承认的平均死亡率大约是 2.3%。该运动中平均每家医院有 200 个床位,一年大约有 10000 个床位,这就意味着每年大约有 230 个病人死亡。从目前的研究推断,博威克认为参与该运动的医院每 8 个床位就能挽救 1 个生命。或者说,200 个床位的医院每年能够挽救大约 25 个病人的生命。

参与该运动的医院需要在参与之前提供 18 个月的死亡率数据,并且每个月都要更新实验过程中的死亡人数。很难估计某家有 10000 个床位的医院的病人死亡率下降是否是纯粹因为运气。但是,如果分析 3000 家医院实验前后的数据,就可能得到更加准确的估计。

实验结果非常令人振奋。2006 年 6 月 14 日,博威克宣布该运动的结果已经超出了预定目标。在短短 18 个月里,这 6 项改革措施使死亡人数预计减少了 122342 人。

当然,我们不要相信这一确切数字。部分原因是许多医院在一些可以避免的治疗失误问题上取得的进展是独立的;即使没有该运动,这些医院也有可能会改变他们的工作方式,从而挽救很多生命。

无论从哪个角度看,这项运动对于循证医学来说都是一次重大胜利。可以看到,"10 万生命运动"的核心就是大数据分析。博威克的 6 项干预并不是来自直觉,而是来自统计分析。博威克观察数字,发现导致人们死亡的真正原因,然后寻求统计上证明能够有效降低死亡风险的干预措施。

四、搜索:超级大数据的最佳伙伴

循证医学运动之前的医学实践受到了医学研究成果缓慢低效的传导机制的束缚。据美国医学协会的估计,“一项经过随机控制试验产生的新成果应用到医疗实践中,平均需要17年,而且这种应用还非常参差不齐。”医学科学的每次进步都伴随着巨大的麻烦。如果医生们没有在医学院或者住院实习期间学会这些东西,似乎永远也把握不住好机会。

如果医生不知道有什么样的统计结果,他就不可能根据统计结果进行决策。要使统计分析有影响力,就需要有一些能够将分析结果传达给决策制定者的传导机制。大数据分析的崛起往往伴随着并受益于传播技术的改进,这样,决策制定者就可以更加迅速地即时获取并分析数据。甚至在互联网试验的应用中,我们也已经看过传导环节的自动化。Google AdWords 功能不仅能够即时报告测试结果,还可以自动切换到效果最好的那个网页。大数据分析速度越快,就越可能改变决策制定者的选择。

与其他使用大数据分析的情况相似,循证医学运动也在设法缩短传播重要研究结果的时间。循证医学最核心也最可能受抵制的要求是:提倡医生们研究和发现病人的问题。一直“跟踪研究”从业医生的学者们发现,新患者所提出的问题大约有2/3会对研究有益。这一比重在新住院的病人中更高。然而被“跟踪研究”的医生却很少有人愿意花时间去回答这些问题。

对于循证医学的批评往往集中在信息匮乏上。反对者声称,在很多情况下根本不存在能够为日常治疗决策所遇到的大量问题提供指导的高质量的统计研究。抵制循证医学的更深层原因其实恰恰相反:对于每个从业医生来说,有太多的循证信息,以至于无法合理地吸收利用。仅以冠心病为例,每年有3600多篇统计方面的论文发表,想跟踪这一领域的学者必须每天(包括周末)读十几篇文章。如果读一篇文章需要15分钟,那么关于每种疾病的文章每天就要花掉两个半小时。显然,要求医生投入如此多的时间去仔细查阅海量的统计研究资料是行不通的。

循证医学的倡导者们从最开始就意识到信息追索技术的重要性,它使得从业医生可以从数量巨大且时时变化的医学研究资料中提取出高质量的相关信息。网络的信息提取技术使得医生更容易查到特定病人,特定问题的相关结果。

对于研究结果的综述通常带有链接,这样医生在点开链接后就可以查看全文以及引用过该研究的所有后续研究。即使不点开链接,仅仅从“证据质量水平”中,医生也可以根据最初的搜索结果了解到很多内容。现在,每项研究都会得到牛津大学循证医学中心研发的15等级分类法中的一个等级,以便使读者迅速地了解证据的质量。最高等级只授给那些经过多个随机试验验证后都得到相似结果的研究,而最低等级则给那些仅仅根据专家意见而形成的疗法。

这种简洁标注证据质量的变化很可能成为循证医学运动最有影响力的部分。现在,从业医生评估统计研究提出的政策建议时,可以更好地了解自己能在多大程度上信赖这种建议。最酷的是大数据回归分析法不仅可以做预测,而且还可以告诉你预测的精度,证据质量水平也是如此。循证医学不仅提出治疗建议,还会告诉医生支撑这些建议的数据质量如何。

证据的评级有力地回应了反对循证医学的人,他们认为循证医学不会成功,因为没有足够的统计研究来回答医生所需回答的所有问题。评级使专家们在缺乏权威的统计证据时仍然能够回答紧迫的问题。这要求他们显示出当前知识中的局限。证据评级标准也很简单,却是信息追索方面的重大进步。受到威胁的医生们现在可以浏览大量网络搜索的结果,并把道听途说与经过多重检验的研究结果区别开来。

互联网的开放性甚至改变了医学界的文化。回归分析和随机试验的结果都公布出来,不仅仅是医生,任何有时间用 Google 搜索几个关键词的人都可以看到。医生越来越感到学习的紧迫性,不是因为较年轻的同事们告诉他们要这样做,而是因为多学习可以使他们比病人懂得更多。正像买车的人在去展厅前会先上网查看一样,许多病人也会登录 Medline 等网站查看自己可能患上了什么样的疾病。Medline 网站最初是供医生和研究人员使用的。现在,1/3 以上的浏览者是普通老百姓。互联网不仅仅改变着信息传导给医生的机制,也改变着科技的影响力,即病人影响医生的机制。

五、数据决策的成功崛起

循证医学的成功就是数据决策的成功,它使决策的制定不仅基于数据或个人经验,而且基于系统的统计研究。正是大数据分析颠覆了传统的观念并发现受体阻滞剂对心脏病人有效,正是大数据分析证明了雌性激素疗法不会延缓女性衰老,也正是大数据分析导致了“10 万生命运动”的产生。

1.数据辅助诊断

迄今为止,医学的数据决策还主要限于治疗问题。几乎可以肯定的是,下一个高峰会出现在诊断环节。

我们称互联网为信息的数据库,它已经对诊断产生了巨大的影响。《新英格兰医学期刊》上发表了一篇文章,讲述纽约一家教学医院的教学情况。“一位患有过敏和免疫疾病的人带着一个得了痢疾的婴儿,罕见的皮疹(‘鳄鱼皮’),多种免疫系统异常,包括 T-cell 功能低下,一种与 X 染色体有关的基因遗传方式(多个男性亲人幼年夭折)等。”主治医师和其他住院医生经过长时间讨论后,仍然无法得出一致的正确诊断。最终,教授问这个病人是否做过诊断,她说她确实做过诊断,而且她的症状与一种罕见的名为 IPEX 的疾病完全吻合。当医生们问她怎么得到这个诊断结果时,她回答说:“我在 Google 上输入我的显著症状,答案马上就跳出来了。”主治医师惊得目瞪口呆。“从 Google 上搜出了诊断结果? ……难道不再需要我们医生了吗?”

2.你考虑过……了吗

一个名叫“伊沙贝尔”的“诊断-决策软件项目使医生可以在输入病人的症状后就得到一系列最可能的病因。它甚至还可以告诉医生,病人的症状是否是由于过度服用药物引起的,涉及药物达 4000 多种。“伊沙贝尔”数据库涉及 11000 多种疾病的大量临床发现、实验室结果、病人的病史,以及其本身的症状。“伊沙贝尔”的项目设计人员创立了一套针对所有疾病的分类法,然后通过搜索报刊文章的关键词找出统计上与每个疾病最相关的文章,如此形成一个数据库。这种统计搜索程序显著地提高了给每个疾病症状匹配编码的效率。而且如果有新的且高相关性的文章出现时,可以不断更新数据库。大数据分析对于相关性的预测并不是一劳永逸的逻辑搜索,它对“伊沙贝尔”的成功至关重要。

“伊沙贝尔”项目的产生来自于一个股票经纪人的痛苦经历。1999年,詹森·莫德3岁大的女儿伊沙贝尔被伦敦医院住院医生误诊为水痘,并遣送回家。只过了一天,她的器官便开始衰竭,该医院的主治医生约瑟夫·布里托马上意识到她实际上感染了一种潜在致命性食肉病毒。尽管伊沙贝尔最终康复,但是莫德却非常后怕,他辞去了金融领域的工作。莫德和布里托一起成立了一家公司,开始开发“伊沙贝尔”软件以抗击误诊。

研究表明,误诊占所有医疗事故的1/3。尸体解剖报告也显示,相当一部分重大疾病是被误诊的。“如果看看已经开出的错误诊断记录,”布里托说,“诊断失误大约是处方失误的2~3倍。”最低估计有几百万病人被诊断成错误的疾病在接受治疗。甚至更糟糕的是,2005年刊登在《美国医学协会杂志》上的一篇社论总结道,过去的几十年间,并未看到误诊率得到明显的改善。

“伊沙贝尔”项目的雄伟目标是改变诊断科学的停滞现状。莫德简单地解释道:“电脑比我们记得更多更好。”世界上有11000多种疾病,而人类的大脑不可能熟练地记住引发每种疾病的所有症状。实际上,“伊沙贝尔”的推广策略类似用Google进行诊断,它可以帮助我们从一个庞大的数据库里搜索并提取信息。

误诊最大的原因是武断。医生认为他们已经做出了正确的诊断——正如住院医生认为伊沙贝尔·莫德得了水痘——因此他们不再思考其他的可能性“伊沙贝尔”就是要提醒医生其他可能。它有一页会向医生提问,“你考虑过……了吗”就是在提醒其他的可能性,这可能会产生深远的影响。

2003年,一个来自乔治亚州乡下的4岁男孩被送入亚特兰大的一家儿童医院。这个男孩已经病几个月了,一直高烧不退。血液化验结果表明这个孩子患有白血病,医生决定进行强度较大的化疗,并打算第二天就开始实施。

约翰·博格萨格是这家医院的资深肿瘤专家,他观察到孩子皮肤上有褐色的斑点,这不怎么符合白血病的典型症状。当然,博格萨格仍需要进行大量研究来证实,而且很容易信赖血液化验的结果,因为化验结果清楚地表明是白血病。“一旦你开始用这些临床方法的一种,就很难再去测量。”博格萨格说。很巧合的是,博格萨格刚刚看过一篇关于“伊沙贝尔”的文章,并签约成为软件测试者之一。因此,博格萨格没有忙着研究下一个病例,而是坐在电脑前输入了这个男孩的症状。靠近“你考虑过……了吗”上面的地方显示这是一种罕见的白血病,化疗不会起作用。博格萨格以前从没听说过这种病,但是可以很肯定的是这种病常常会使皮肤出现褐色斑点。

研究人员发现,10%的情况下,“伊沙贝尔”能够帮助医生把他们本来没有考虑的主要诊断考虑进来。“伊沙贝尔”坚持不懈地进行试验。《新英格兰医学期刊》上“伊沙贝尔”的专版每周都有一个诊断难题。简单地剪切、粘贴病人的病史,输入到“伊沙贝尔”中,就可以得到10~30个诊断列表。这些列表中75%的情况下涵盖了经过《新英格兰医学期刊》(往往通过尸体解剖)证实为正确的诊断。如果再进一步手动把搜索结果输入到更精细的对话框中，“伊沙贝尔”的正确率就可以提高到96%。“伊沙贝尔”不会挑选出一种诊断结果。“‘伊沙贝尔’不是万能的”布里托说。“伊沙贝尔”甚至不能判断哪种诊断最有可能正确，或者给诊断结果排序。不过，把可能的病因从11000种降低到30种未经排序的疾病已经是重大的进步了。

3.大数据分析使数据决策崛起

大数据分析将使诊断预测更加准确。目前这些软件所分析的基本上仍是期刊文章。“伊沙贝尔”的数据库有成千上万的相关症状，但是它只不过是每天把医学期刊上的文章堆积起来而已；然后一组配有像Google这样的语言引擎辅助的医生，搜索与某个症状相关的已公布的症状，并把结果输入到诊断结果数据库中。

医疗记录的迅速数字化意味着医生们可以利用包含在过去治疗经历中丰富的整体信息，这是前所未有的。未来几年内，“伊沙贝尔”就能针对你的特定症状、病史及化验结果给出患某种疾病的概率，而不仅仅是给出不加区分的一系列可能的诊断结果。

有了数字化医疗记录，医生们不再需要输入病人的症状并向计算机求助。“伊沙贝尔”可以根据治疗记录自动提取信息并做出预测。实际上，“伊沙贝尔”近期已经与NextGen合作研发出一种结构灵活的输入区软件，以抓取最关键的信息。在传统的病历记录中，医生非系统地记下很多事后看来不太相关的信息，而NextGen系统地搜集从头至尾的信息。从某种意义上来说，这使医生不再单纯地扮演记录数据的角色。医生得到的数据就比让他自己做病历记录所能得到的信息要丰富得多，因为医生自己记录的往往很简单。

大数据分析这些大量的新数据能够使医生第一次有机会即时判断出流行性疾病。诊断时不应该仅仅根据专家筛选过的数据，还根据使用该医疗保健体系的数百万民众的看病经历，数据分析最终可以更好地决定如何诊断。

大数据分析使数据决策崛起。它让你在回方程的统计预测和随机试验的指导下进行决策——这是循证医学真正想要的。大多数医生仍然固守成见，认为诊断是一门经验和直觉最为重要的艺术。但对于大数据天才来说，诊断只不过是另一种预测而已。

六、大数据帮助改善设计

通常，设计师往往认为创造力与数据格格不入，甚至会阻碍创造力的发展。但实际情况是，数据在确定设计改变是否可以帮助更多的人完成他们的任务或实现更高的转换方面，可谓大有裨益。

数据可以帮助改善现有的设计，但数据并不能为设计者提供一种全新的设计。它可以改善网站，但它不能从无到有地创造出一个全新的网站。换句话说，在提到设计时，数据可能会有助于实现局部最大化，而不是全局最大化。当设计无法正常运作时，数据也会向你发布通知。

不管是游戏、汽车还是建筑物，这些不同领域的设计都有一个共同的特点，就是其设计过程在不断变化。从设计研发到最终对这种设计进行测试，这一循环过程会随着大数据的使用而逐渐缩短。从现有的设计中获取数据，并搞清楚问题所在或弄懂如何大幅度改善的过程也在逐渐加快。低成本的数据采集和计算机资源在加快设计、测试和重新设计这一过程中发挥了很大的作用。反过来说,不仅人们自己研发的设计能够受到启示,设计程序本身也会如此。

1.少而精是设计的核心

苹果(Apple)公司的产品设计一向为世人所称道,其现任局级工程经理迈克尔·洛拍和约翰·格鲁伯曾谈到为什么苹果公司总是能够创造卓越的设计。

第一,苹果认为良好的设计就像一件礼品。苹果不仅专注于产品的设计,还注重产品的包装。"预期的建立会使产品在现身时,为用户带来一种享受。"对于苹果公司来说,每个产品都是一个礼品,礼品内又包裹着层层惊喜:iPad、iPhone 或 MacBook 的包装、外观和触觉,乃至产品内部运行的软件都会给人一种惊喜。

第二,"拥有完美像素的样机至关重要"苹果的设计师们会对潜在的设计进行模拟,甚至还会对像素进行模拟。这种方法打消了人们对产品外观的疑虑。不像多数样机中使用的拉丁文本"Loremipsum"(注:印刷排版业中常用到的一个测试用的虚构词组,其主要目的是为测试文章或文字在不同字形、版型下看起来的效果),苹果的设计师们甚至还在样机上设计出了正式的文本。

第三,苹果的设计师们往往会为一种潜在的新功能研发出 10 种设计方案。之后,团队会从这 10 种方案中选出 3 种,然后再从中选出最终的设计。这就是所谓的 10:3:1的设计方法。

第四,苹果的设计团队每周都会召开两次不同类型的会议。在头脑风暴会议上,所有人都能不受局限地发挥想象力,他们不会去考虑什么方法可行。生产会议则专注于结构和进度的实用性。除此之外,苹果还采取了一些其他的措施,以保证自己的设计卓尔不群。

众所周知,苹果公司不做市场调查,相反,公司员工只专注于设计他们自己想用的产品。主管设计的高级副总裁乔纳森·伊夫曾说过,苹果大多数的核心产品都是由一个不到 20 人的小型设计团队设计出来的。苹果公司软硬件兼备,这就使得公司能够为用户提供集最佳体验于一身的产品。更重要的是,公司以少而精作为设计的核心,这就保证了公司能够提供精益求精的产品,公司"对完美有一种近乎疯狂的关注"。

苹果产品具有简单、优雅、易于使用等特征。该公司在产品设计上花费的心血并不比产品的功能设置少。乔布斯曾说过:"伟大的设计并不仅仅在于产品的唯美主义价值,还关注产品的功能"。除了要保证产品的美观外,最基本的还是要使它们易于使用。

2.与玩家共同设计游戏

大数据在高科技的游戏设计领域中也发挥着至关重要的作用。通过分析,游戏设计者可以对新保留率和商业化机会进行评估,即使是在现有的游戏基础之上,也能为用户提供令人更加满意的游戏体验。通过对游戏费用等指标的分析,游戏设计师们能吸引游戏玩家,提高保留率、每日活跃用户和每月活跃用户数、每个游戏玩家支付的费用以及游戏玩家每次玩游戏花费的时间。Kontagent 公司则为搜集这类数据提供辅助工具。该公司曾与成千上万个游戏工作室合作过,以帮助他们测试和改进发明的游戏。游戏公司通过定制的组件来发明游戏。他们采用的是内容管道方法(Content Pipeline),其中的游戏引擎可导入游戏要素,这些要素包括图形、级别、目标和挑战,以供游戏玩家攻克。这种管道方法意味着游戏公司会区分不同种类的工作，比如对软件工程师的工作和图形艺术家及级别设计师的工作进行区分。通过设置更多的关卡，游戏设计者更容易对现有的游戏进行拓展，而无须重新编写整个游戏。

相反，设计师和图形艺术家只需创建新级别的脚本、添加新挑战、创造新图形和元素。这也就意味着不仅游戏设计者可以添加新级别，游戏玩家也可以这么做，或者至少可以设计新图形。

游戏设计者斯科特・休梅克还表明，利用数据驱动来设计游戏可以减少游戏创造过程中的相关风险。不仅是因为许多游戏很难通关成功，而且，就财务方面而言，通关成功的游戏往往并不成功。正如休梅克曾指出的，好的游戏不仅关乎良好的图形和级别设计，还与游戏的趣味性和吸引力有关。在游戏发行之前，游戏设计师很难对这些因素进行正确的评估，因此游戏设计的推行、测试和调整至关重要。通过将游戏数据和游戏引擎进行区分，很容易对这些游戏要素进行调整，如《吃豆人》游戏中小精灵吃豆的速度。

3.以人为本的汽车设计理念

福特汽车的首席大数据分析师约翰・金德认为，汽车企业坐拥海量的数据信息，“消费者、大众及福特自身都能受益匪浅。”2006 年前后，随着金融危机的爆发以及新任首席执行官的就职，福特公司开始乐于接受基于数据得出的决策，而不再单纯凭直觉做出决策。公司在数据分析和模拟的基础上提出了更多新的方法。

福特公司的不同职能部门都会配备数据分析小组，如信贷部门的风险分析小组、市场营销分析小组、研发部门的汽车研究分析小组。数据在公司发挥了重大作用，因为数据和数据分析不仅可以解决个别战术问题，而且对公司持续战略的制订来说也是一笔重要的资产。公司强调数据驱动文化的重要性，这种自上而下的度量重点对公司的数据使用和周转产生了巨大的影响。

福特还在硅谷建立了一个实验室，以帮助公司发展科技创新。公司获取的数据主要来自于大约 400 万辆配备有车载传感设备的汽车。通过对这些数据进行分析，工程师能够了解人们驾驶汽车的情况、汽车驾驶环境及车辆响应情况。所有这些数据都能帮助改善车辆的操作性、燃油的经济性和车辆的排气质量。利用这些数据，公司对汽车的设计进行了改良，降低了车内噪声（会影响车载语音识别软件），还能确定扬声器的最佳位置，以便接收语音指示。

设计师还能利用数据分析做出决策，如赛车改良决策和影响消费者购买汽车的决策。举例来说，潘世奇车队设计的赛车不断在比赛中失利。为了弄清失利的原因，工程师为该车队的赛车配备了传感器，这种传感器能搜集到 20 多种不同变量的数据，如轮胎温度和转向等。虽然工程师已对这些数据进行了两年的分析，他们仍然无法弄清楚赛车手在比赛中失利的原因。

而数据分析型公司 Event Horizon 也搜集了同样的数据，但其对数据的处理方式完全不同。该公司没有从原始数字入手，而是通过可视化模拟来重视赛车改装后在比赛中的情况。通过可视化模拟，他们很快就了解到赛车手转动方向盘和赛车启动之间存在一段滞后时间。赛车手在这段时间内会做出很多微小的调整，所有这些微小的调整加起来就占据了不少时间。由此可以看出，仅仅拥有真实的数据是远远不够的。就大数据的设计和其他方面而言,能够以正确的方式观察数据才是至关重要的。

4.寻找最佳音响效果

大数据还能帮助我们设计更好的音乐厅。20 世纪末,哈佛大学讲师 W.C·萨宾开创了建筑声学这一新领域。

研究之初,萨宾将福格演讲厅(听众认为其声学效果不明显)和附近的桑德斯剧院(声学效果显著)进行了对比。在助手的协助下,萨宾将坐垫之类的物品从桑德斯剧院移到了福格演讲厅,以判断这类物品对音乐厅的声学效果会产生怎样的影响。萨宾和他的助手在夜间开始工作,经过仔细测量后,他们会在早晨到来之前将所有物品放回原位,从而不影响两个音乐厅的日间运作。

经过大量的研究,萨宾对混响时间(或称"回声效应")做出了这样一个定义:它是声音从其原始水平下降 60dB 所需的秒数。萨宾发现,声学效果最好的音乐厅的混响时间为 2~2.25 秒。混响时间太长的音乐厅会被认为过于"活跃",而混响时间太短的音乐厅会被认为过于"平淡"。混响时间的长短主要取决于两个因素:房间的容积和总吸收面积或现有吸收面积。在福格演讲厅中,所听到的说话声大约能延长 5.5 秒,萨宾减少了其回音效果并改善了它的声学效果。后来,萨宾还参与了波士顿音乐厅的设计。

继萨宾之后,该领域开始呈现出蓬勃的发展趋势。如今,借助模型,数据分析师不仅对现有音乐厅的声学问题进行评估,还能模拟新音乐厅的设计。同时,还能对具有可重新配置几何形状及材料的音乐厅进行调整,以满足音乐或演讲等不同的用途,这就是其创新所在。

具有讽刺意味的是,许多建于 19 世纪后期的古典音乐厅的音响效果可谓完美,而那些近期建造的音乐厅则达不到这种效果。这主要是因为如今的音乐厅渴望容纳更多的席位,同时还引进了许多新型建材以使建筑师设计出任何形状和大小的音乐厅,而不再受限于木材的强度和硬度。现在建筑师正试图设计新的音乐厅,以期待能与波士顿和维也纳音乐殿堂的音响效果匹敌。音器、音乐厅容量和音乐厅的形状可能会出现冲突。而通过利用大数据,建筑师可能会设计出与以前类似的音响效果,同时还能使用现代化的建筑材料来满足当今的座席要求。

5.建筑数据取代直觉

建筑师还在不断地将数据驱动型设计推广至较广泛的领域。正如 LMN 建筑事务所的萨姆·米勒指出的,老建筑的设计周期是设计、记录、构建和重复。只有经过多年的实践,你才能完全领会这一过程,一个拥有 20 多年设计经验的建筑师或许只见证过十几个这样的设计周期。随着数据驱动型架构的实现,建筑师已经可以用一种迭代循环过程来取代上述过程,该迭代循环过程即模型、模拟、分析、综合、优化和重复。就像发动机设计人员可以使用模型来模拟发动机的性能一样,建筑师如今也可以使用模型来模拟建筑物的结构。

据米勒讲,他的设计组如今只需短短几天的时间就可以模拟成百上千种设计,他们还可以找出哪些因素会对设计产生最大的影响。米勒说:"直觉在数据驱动型设计程序中发挥的作用在逐渐减少。"而且,建筑物的性能要更加良好。

建筑师并不能保证研究和设计会花费多少时间,但米勒认为,数据驱动型方法使这种投资变得更加有意义,因为它保证了公司的竞争优势。通过将数据应用于节能和节水的实践中,大数据也有助于绿色建筑的设计。通过评估基准数据,建筑师如今可以判断出某个特定的建筑物与其他绿色建筑的区别所在。美国环保署(EPA)的在线工具“投资组合经理”就应用了这一方法,它的主要功能是互动能源管理,可以让业主、管理者和投资者对所有建筑物耗费的能源和用水进行跟踪和评估。

Safari公司还设计了一种基于Web的软件,软件利用专业物理知识,能够提供设计分析、知识管理和决策支持。有了这种软件,用户就可以对不同战略设计中的能源、水、碳和经济利益进行测量和优化。

第二节　大数据预测分析

一、预测分析

预测分析是一种统计或数据挖掘解决方案,可在结构化和非结构化数据中使用以确定未来结果的算法和技术,可用于预测、优化、预报和模拟等许多用途。大数据时代下,作为其核心,预测分析已在商业和社会中得到广泛应用。随着越来越多的数据被记录和整理,未来预测分析必定会成为所有领域的关键技术。

预测分析和假设情况分析可帮助用户评审和权衡潜在决策的影响力,用来分析历史模式和概率,以预测未来业绩并采取预防措施。其主要作用包括以下几个方面。

1.决策管理

决策管理是用来优化并自动化业务决策的一种卓有成效的成熟方法。它通过预测分析让组织能够在制定决策以前有所行动,以便预测哪些行动在将来最有可能获得成功,优化成果并解决特定的业务问题。决策管理包括管理自动化决策设计和部署的各个方面,供组织管理其与客户、员工和供应商的交互。从本质上讲,决策管理使优化的决策成为企业业务流程的一部分。由于闭环系统不断将有价值的反馈纳入到决策制定过程中,因此对于希望对变化的环境做出即时反应并最大化每个决策的组织来说,它是非常理想的方法。

当今世界,竞争的最大挑战之一是组织如何在决策制定过程中更好地利用数据。可用于企业以及由企业生成的数据量非常高且以惊人的速度增长。与此同时,基于此数据制定决策的时间段非常短,且有日益缩短的趋势。虽然业务经理可能可以利用大量报告和仪表板来监控业务环境,但是使用此信息来指导业务流程和客户互动的关键步骤通常是手动的,因而不能及时响应变化的环境。希望获得竞争优势的组织们必须寻找更好的方式。

决策管理使用决策流程框架和分析来优化并自动化决策,通常专注于大批量决策并使用基于规则和分析模型的应用程序实现决策。对于传统上使用历史数据和静态信息作为业务决策基础的组织来说这是一个突破性的进展。

2.滚动预测

预测是定期更新对未来绩效的当前观点,以反映新的或变化中的信息的过程,是基于分析当前和历史数据来决定未来趋势的过程。为应对这一需求，许多公司正在逐步采用滚动预测方法。

7×24 小时的业务运营影响造就了一个持续而又瞬息万变的环境，风险、波动和不确定性持续不断。并且，任何经济动荡都具有近乎实时的深远影响。

毫无疑问，对于这种变化感受最深的是 CFO（财务总监）和财务部门。虽然业务战略、产品定位、运营时间和产品线改进的决策可能是在财务部门外部做出的，但制定这些决策的基础是财务团队使用绩效报告和预测提供的关键数据和分析。具有前瞻性的财务团队意识到传统的战略预测不能完成这一任务，他们便迅速采用更加动态的、滚动的和基于驱动因子的方法。在这种环境中，预测变为一个极其重要的管理过程。为了抓住正确的机遇，为了满足投资者的要求，以及在风险出现时对其进行识别，很关键的一点就是深入了解潜在的未来发展，管理不能再依赖于传统的管理工具。在应对过程中，越来越多的企业已经或者正准备从静态预测模型转型到一个利用滚动时间范围的预测模型。

采取滚动预测的公司往往有更高的预测精度、更快的循环时间、更好的业务参与度和更多明智的决策制定。滚动预测可以对业务绩效进行前瞻性预测；为未来计划周期提供一个基线；捕获变化带来的长期影响；与静态年度预测相比，滚动预测能够在觉察到业务决策制定的时间点得到定期更新，并减轻财务团队巨大的行政负担。

3.预测分析与自适应管理

稳定、持续变化的工业时代已经远去，现在是一个不可预测、非持续变化的信息时代。未来还将变得更加无法预测，员工将需要具备更高的技能，创新的步伐将进一步加快，价格将会更低，顾客将具有更多发言权。

为了应对这些变化，CFO 们需要一个能让各级经理快速做出明智决策的系统。他们必须将年度计划周期替换为更加常规的业务审核，通过滚动预测提供支持，让经理能够看到趋势和模式，在竞争对手之前取得突破，在产品与市场方面做出更明智的决策。具体来说，CFO 需要通过持续计划周期进行管理，让滚动预测成为主要的管理工具，每天和每周报告关键指标。同时需要注意使用滚动预测改进短期可见性，并将预测作为管理手段，而不是度量方法。

4.行业应用举例

（1）预测分析帮助制造业高效维护运营并更好地控制成本。

一直以来，制造业面临的挑战是在生产优质商品的同时在每一步流程中优化资源。多年来，制造商已经制定了一系列成熟的方法来控制质量、管理供应链和维护设备。如今，面对持续的成本控制工作，工厂管理人员、维护工程师和质量控制的监督执行人员都希望知道如何在维持质量标准的同时避免昂贵的非计划停机时间或设备故障，以及如何控制维护、修理和降低业务的人力和库存成本。此外，财务和客户服务部门的管理人员，以及最终的高管级别的管理人员与生产流程能否很好地交付成品息息相关。

（2）犯罪预测与预防，预测分析利用先进的分析技术营造安全的公共环境。

为确保公共安全，执法人员一直主要依靠个人直觉和可用信息来完成任务。为了能够更加智慧地工作，许多警务组织正在充分合理地利用他们获得和存储的结构化信息（如犯罪和罪犯数据）和非结构化信息（在沟通和监督过程中取得的影音资料）。

通过汇总、分析这些庞大的数据，得出的信息不仅有助于了解过去发生的情况，还能够帮助预测将来可能发生的事件。

利用历史犯罪事件、档案资料、地图和类型学以及诱发因素（如天气）和触发事件（如假期或发薪日）等数据，警务人员可确定暴力犯罪频繁发生的区域；将地区性或全国性流民团伙活动与本地事件进行忠配；剖析犯罪行为以发现相似点，将犯罪行为与有犯罪记录的罪犯挂钩；找出最可能诱发暴力犯罪的条件，预测将来可能发生这些犯罪活动的时间和地点；确定重新犯罪的可能性。

（3）预测分析帮助电信运营商更深入地了解客户。

受技术和法规要求的推动，以及基于互联网的通信服务提供商和模式的新型生态系统的出现，电信提供商要想获得新的价值来源，需要对业务模式做出根本性的转变，并且必须有能力将战略资产和客户关系与旨在抓住新市场机遇的创新相结合。预测和管理变革的能力将是未来电信服务提供商的关键能力。

二、数据情感与情感数据

情感和行为是交互的。周围的事物影响着你，决定了你的情感。如果你的客户取消了订单，你会感到失望。反过来说，你的情感也会影响行为。你现在心情愉快，因此决定再给修理工一次机会来修好你的车。

情感有时并不在预测分析所考虑的范畴内。因为情感是变幻不定的因素，无法像事实或数据那样被轻易记录在表格中。情感主观且转瞬即逝。诚然，情感是人的一种重要的状态，但情感的微妙使得大部分科学都无法对其展开研究。现在有一些神经科学家在做实验，他们在学生的头部安上各种电线和传感器来观测情感变化，但许多数据科学家觉得这些实验没有太多意义，因此，情感并不是预测分析科学的重要应用领域。

1.从博客观察集体情感

2009 年，伊利诺伊大学的两位科学家试图将两个看似并不相关的科研领域联系起来，以求发现集体情感和集体行为之间的内在关系。他们不仅要观测个体的情感，还要观测集体情感，即人类作为整体所共有的情感。从事这项宏大研究的就是当时还在攻读博士学位的埃里克·吉尔伯特以及他的导师卡里·卡拉哈里奥斯。他们希望能实现重大科研突破，因为人们从来不知该如何解读人类整体情感。

此外，埃里克和卡里还想从真实世界人类的自发行为中去观测集体情感，而不仅仅是在实验室里做实验。那么，应该从哪些方面去观测这些集体情感？脑电波和传感器显然不合适。一种可能性是，我们的文章和对话会反映我们的情感。但报纸杂志上的文章主题可能太狭隘，在情感上也缺乏连贯性。为此，他们将目光集中在另一个公共资源上——博客。

博客记载了博主的各种情感。互联网上兴起的博客浪潮将此前私密、内省的日记写作变成了公开的情感披露。很多人在博客上自由表达自己的情感，没有预先的议程设置，也没有后续的编辑限制。每天互联网上大约会增添 86.4 万篇新的博客，作者在博客中袒露着各类情感，或疾呼，或痛楚，或狂喜，或惊奇，或愤怒，在互联网上自愿吐露自己的心声。从某种意义上说，博客的情感也代表着大众的情感，因此，我们可以从博客上读到人类的整体情感。

2.预测分析博客中的情绪

在设计如何记录博客中的情绪时,两位科学家选择了恐惧和焦虑两种情绪。在所有情绪中,焦虑对人们的行为有很重要的影响。心理学研究指出:恐惧会让人规避风险,而镇静则能让人自如行事。恐惧会让人以保守姿态采取后撤行为,不敢轻易涉险。

要想记录这些情感,第一步就是要发现博客中的焦虑情绪。要想研发出能探测到焦虑情绪的预测分析系统,首先要有充分的博客样本,这些样本中已经被证明是否含有焦虑情绪。这将为预测模型的研发提供所需的数据,帮助区分哪些博客中蕴含着焦虑情绪,哪些博客中蕴含着镇静情绪。

继埃里克和卡里的研究后,很多后续研究都显示了人类集体情绪是如何波动的。例如,印第安纳大学的研究人员研发了一套相似的通过考察关键词观测情绪的系统,通过"镇静-焦虑"(与焦虑指数相似,但增加了镇静指数。例如,指数为正表示镇静,指数为负则表示焦虑)以及"幸福-痛苦"指数来描绘公众情绪。如根据某社交网站上的内容所画出的2003年10~12月期间大众情绪波动图显示,我们会在狂喜与绝望之间摇摆,这些剧烈波动的曲线表明,我们是高度情绪化的。

但这种只针对几个重点日子的研究显然是不够的。尽管埃里克和卡里的焦虑指数很有创新性,但这并不能证明该指数的价值,也无法获得研究界广泛的认可。如果焦虑指数无法印证其价值,那么它可能会随着时间的推移而被湮没,为此,埃里克和卡里进行了进一步研究,力图要证明这个衡量我们主观情绪的指数与现实世界的实践存在客观联系。否则,我们就无法真正证明该系统成功把握了人类的集体情绪,该研究项目的价值也仅仅是"形成了一堆数字而已"。

3.影响情绪的重要因素——金钱

埃里克和卡里将希望押在了情绪的重要影响因素——金钱上。显然,金钱足以影响我们的情绪。钱是衡量人过得如何的重要标准,因此,为何不观察我们的情感与财务状况之间的紧密关系呢?1972年的一个经典心理学实验表明,哪怕我们在公用电话亭发现有一块钱余额可用,我们的心理也会产生莫大的满足感,进而使得幸福感增加。无论如何,金钱与情感之间肯定存在某种联系,这将给埃里克和卡里的研究提供充分的证明。

股市是验证焦虑指数的理想场所。只有真正看到人们采取了集体行动,我们才能验证集体情绪指标确实有效,经济活动将是观测社会整体乐观和悲观情绪起伏的重要标准。除了科学意义上的验证,这项预测还带来了充满诱惑的应用前景:股市预测。如果集体情感能够影响到后续的股票走势,那么通过剖析博客中的大众情绪将有助于预测股价,这种新型的预测模型有可能带来巨额的财富。

埃里克和卡里继续深入研究。埃里克选择了2008年几个月内的美国标准·普尔股指(美国股市的晴雨表)的每日收盘值,看看在这短短几个月中,股指的无序涨跌是否与相同时期内焦虑指数的涨跌走势吻合。

证明焦虑指数的效力很难。刚开始时,两位研究者认为,只要一个月就能获得肯定结论,但他们无数次的尝试都以失败而告终。为此,他们与大学其他学科的专家讨论,包括数学、统计学和经济学的同事。他们也跟华尔街的金融工程师们讨论。但是,在他们正在摸索前行的科学领域,没有人能为他们指点迷津。卡里说:“我们在黑暗中摸索了很长时间,当时并没有任何公认的研究方法。”经过一年半的尝试和挫折后,埃里克和卡里还是得不出结论。他们没有获取确凿的证据来证明其猜想。

这样的实验要耗费许多资源,埃里克和卡里也开始对研究项目的可行性提出了质疑。此时,他们必须思考何时放弃项目并将损失控制在一定范围内。即便整体理论成立,大众情绪确实能影响到股市,那么焦虑指数是否能精确跟踪大众情绪的波动呢?

但新的希望又开始出现。当他们重新观察这些数据时,忽然又想到了新的方法。

三、数据具有内在预测性

大部分数据的堆积都不是为了预测,但预测分析系统能从这些庞大的数据中学到预测未来的能力,正如你可以从自己的经历中汲取经验教训那样。

数据最激动人心的不是其数量,而是其增跌速度。我们会敬畏数据的庞大数量,因为有一点永远不会变,那就是今天的数据必然比昨天多。规模是相对的,而不是绝对的。数据规模并不重要,重要的是膨胀速度。

世上万物均有关联,只不过有些是间接关系,这在数据中也有反映。例如:

你的购买行为与你的消费历史、在线习惯、支付方式以及社会交往人群相关。数据能从这些因素中预测出消费者的行为。

你的身体健康状况与生命选择和环境有关,因此数据能通过小区以及家庭规模等信息来预测你的健康状态。

你对工作的满意程度与你的工资水平、表现评定以及升职情况相关,而数据则能反映这些现实。

经济行为与人类情感相关,因此正如下文所述,数据也将反映这种关系。

数据科学家通过预测分析系统不断地从数据堆中找到规律。如果将数据整合在一起,尽管你不知道自己将从这些数据里发现什么,但至少能通过观测解读数据语言来发现某些内在联系。数据效应就是这么简单。

预测常常是从小处入手。预测分析是从预测变量开始的,这是对个人单一值的评测。近期性就是一个常见的变量,表示某人最近一次购物、最近一次锻炼或最近一次发病到现在的时间,近期值越接近现在,观察对象再次采取行动的概率就越高。许多模型的应用都是从近期表现最积极的人群开始的,无论是试图建立联系、开展犯罪调查还是进行医疗诊断。

与此相似,频率——描述某人做出相同行为的次数也是常见且富有成效的指标。如果有人此前经常做某事,那么他再次做这件事的概率就会很高。实际上,预测就是根据人的过去行为来预见其未来行为。因此,预测分析模型不仅要靠那些枯燥的基本人口数据,如住址、性别等,而且也要涵盖近期性、频率、购买行为、经济行为以及电话和上网等产品使用习惯之类的行为预测变量。这些行为通常是最有价值的,因为我们要预测的就是未来是否还会出现这些行为,这就是通过行为来预测行为的过程。正如哲学家萨特所言:“人的自我由其行为决定。”

预测分析系统会综合考虑数十项甚至数百项预测变量。把个人的全部已知数据都输入系统,然后等着系统运转,系统内综合考量这些因素的核心学习技术正是科学的魔力所在。

四、情感的因果分析

埃里克·吉尔伯特和卡里·卡拉哈里奥斯想要证明的是博客与大众情感是否存在联系,而不是探究这两者之间是否存在因果关系。"显然,我们不是在寻找因果关系。"他们在发表的某篇研究文章中写道。他们不需要去建立因果关系,他们想要证明的仅仅是焦虑指数每日波动与经济活动日常起落之间存在某种联系。如果这种联系存在,那就足以证明,焦虑指数能够反映现实而不是纯粹的主观臆想。为了寻求这种抽象联系,埃里克和卡里打破了常规。

1.焦虑指数与标普500指数

在普通的研究项目中,如果要证明两个事物之间存在联系,那么首先要假定两者之间存在某种确定的关系。某位批评人士说,埃里克和卡里的研究缺乏"可接受的研究方法",很难证明这种联系是真实的。当研究领域从个体的心理活动转向人类集体的情感变化时,摆在我们面前的是各种可能存在的因果关系。是艺术反映了现实,还是现实反映了艺术?博客反映了世界现象,还是推动了世界现象?人类的整体情感如何强化升级?情感是否会像涟漪那样在人群间传递?在谈到集体心理时,弗洛伊德曾说:"组建团队最为明显也是最为重要的后果就是每个成员的'情感升华与强化'。"2008年,哈佛大学和其他一些研究机构的研究证明了这个观点,因为幸福感可以像"传染病"那样在社交网站上蔓延。那么,博客中所表现出来的焦虑是否会影响到股市呢?

埃里克和卡里的研究没有预先设定任何假设。尽管集体心理和情绪具有不可捉摸的复杂性,但这两位研究人员也接受了宽泛的假设,即焦虑象征着经济无活力。如果投资者某天感到焦虑,那么他所采取的策略就是利用套现来抵御市场波动,当投资者重新变得冷静自信时,他就会愿意承担风险而选择买入。买入越多,股价越高,标普500指数也就越高。

但从某种意义上说,情绪与股价之间的关系变幻莫测,令人着迷。大千世界中的芸芸众生认为情绪和行动之间、人与人之间以及表达情感者和最终行动者之间存在着因果关系。数据显示,这些因果关系会相互作用,我们可通过预测技术来发现数据中隐藏的规律。

埃里克和卡里做了无数的尝试,但需要验证的内容实在是太复杂。如果说公众的焦虑情绪指数确实能预测股价,那么它能提前多久预测到呢?公众的焦虑情绪需要多少天才会对经济产生影响?大家应该在晚一天还是晚一个月来看待焦虑对股价的影响呢?影响到底会表现在哪里呢,是市场总的运行趋势还是股市绝对值或交易量呢?最初的发现让这两位研究者欲罢不能,但他们又无法得出清晰的结论。实验的结果并不足以支持他们得出结论。

直到某天他们将数据视图化之后,其研究才出现转机。通过图表,肉眼立刻发现了其中存在的预测模型。

2.验证情感和被验证的情感

尽管直观图形让人们进一步理解了这种假设关系,但它并不能证明这种假设是成立的。接下来,埃里克和卡里要“正式测试焦虑、恐惧和担忧……与股市之间的关系”。他们计算了 2008 年 174 个交易日的焦虑指数并查看了这段时间 Livejoumal 网站上超过 2000 万篇博客,然后将每日的博客所表现出的情绪与当天的标普 500 指数进行对照。然后,他们用诺贝尔经济学奖获得者克莱夫·格兰杰研发的模型进行预测关系统计测试。

结果证明,这一假设是正确的。其研究表明,通过公众情绪可预测股市走势。埃里克和卡里极其兴奋,立刻将此发现写成了论文,提交给某大会:“焦虑情绪的增加……预示着标普 500 指数的下降。”

统计测试发现,焦虑指数“具有与股市相关的新型预测信息”。这说明,焦虑指数具有创新性、独创性和预测性,该指数更能预测股价的走势而不是去分析股市变动的原因。此外,该指数还能帮助人们通过近期市场活动来预测未来市场走势,由此也进一步证明了该指数的创新性。

这不是预测标普 500 指数的具体涨跌,而是预测其变动的速率(是加速上涨还是加速下跌)。对此,研究人员指出,焦虑虽可让股价减缓上涨,却可让其加速下跌。

这个发现具有开创性的意义,因为人们第一次确立了大众情绪与经济之间的关系。事实上,其创新意义远超于此,这是在集体情感状态与可测量行动之间建立了科学关系,是历史上人们首次从随机自发的人类行为中总结出可测量的大众情感指标,它使这一领域的研究跨出了实验室的门槛而走入了现实世界。

情绪是会下金蛋的鹅,大众情绪的波动影响着股市的走势,但股市却无法影响大众情绪。在这里,并不存在“鸡生蛋、蛋生鸡”的繁复关系。当埃里克和卡里试着通过股市表现来判断大众情绪时,他们发现,这种反向的对应关系并不成立。他们完全找不着规律。或许经济活动只是影响大众情绪的诸多因素之一,而大众情绪却能在很大程度上决定经济活动。它们之间只存在单向关系。

3.情绪指标影响金融市场

埃里克和卡里发现,最关心他们研究成果的并不是学术圈的同行,而是那些正在对冲基金工作或准备创立对冲基金的人。股市交易员对此发现垂涎三尺,有些人甚至开始在他们的研究基础上构建和拓展交易系统。

越来越多的人意识到,必须掌握博客等互联网文本中所隐含的情绪和动机,对于投资决策者而言,这与传统的经济指标几乎同样重要。小型新锐投资公司 AlphaGenius 的首席执行官兰迪·萨夫曾在 2012 年旧金山文本分析世界大会上表示:“我们将‘情绪’视为一种资产,与外国市场、债券和黄金市场类似。”他说,自己的公司“每天都在关注数以千计的某社交网站上发言和互联网评论,来发现某证券品种是否出现了买入或卖出信号。如果这些信号显示某证券价格波动超过了合理区间,那么我们就会马上交易”。另一家对冲基金公司“德温特资本市场”则公开了所有依据公众情绪进行投资的举措,荷兰公司 SNTMNT 则为所有人提供了基于某社交网站上的公众情绪来进行交易的 API(应用程序界面)。“现在,许多聪明人士开始悄悄利用新闻和某社交网站上表露出的情绪做交易。”金融交易和预测分析专家本恩·吉本特在给我的一封电邮中这样写道。

实际上,现实生活中并没有公开的充分证据表明,通过情绪就能精准预测市场并大发其财。焦虑指数的预测性在2008年得到了验证,但2008年正是金融危机深化、经济状况恶化的特殊年份。因此,在其他年份,博客上可能不会出现那么多关于经济的、表现出某种情绪的文章。关于对冲基金通过把握大众情绪取得成功的故事,我们虽然常有耳闻,但这些故事往往都语焉不详。

在埃里克和卡里之后,许多研究都宣称能精准预测市场走势,但这些论断都有待科学验证和观察。而且,这一模式也不见得会持续下去。正如某投资公司在谈到风险时经常说的,“过去的投资表现并不是对未来收益的担保”,因此我们从来不能完全保证历史模式必然会重现。

金融界似乎一直都在绞尽脑汁地寻找赚钱良方,因此任何包含预测性信息的创新源泉都不会逃过其法眼。“情绪数据”的非凡之处决定了其应用价值空间。只有当指标具有预测性,并且不在具有的数据来源内时,它才能改善预测效果。这样的优势足以带来上百万美元的收益。

焦虑指数预示着不可遏制的潮流:性质不同的各类数据,其数量在不断膨胀,而各组织机构正努力创新,从中汲取精华。正如其他数据来源一样,要想充分利用其预测功能,那么情绪指标也必须配合其他来源的数据使用。预测分析就仿佛是一个面缸,所有的原材料都必须经过充分“搅拌”后才能改善决策。要想实现这一目标,我们必须应对最核心的科学挑战:将各种数据流有序地结合起来,以此改善决策。

第三节　大数据引导可视化研究

一、可视化对认知的帮助

可视化不仅是一种工具,它更多的是一种媒介:探索、展示和表达数据含义的一种方法。可以把可视化看作是连续的、从统计图形延伸到数字艺术的一个连续谱图。由于统计学、设计和美学的综合运用,才产生了许多优秀的数据可视化作品。

1.七个基本任务

在数据可视化过程中,用户通常执行的7个基本任务是:

(1)概览任务。用户能够获得整个集合的概览。概览策略包括每个数据类型的缩小视图,这种视图允许用户查看整个集合,加上邻接的细节视图。概览可能包含可移动的视图域框,用户用它来控制细节视图的内容。另一种流行的方法是鱼眼策略,即变形放大一个或更多的显示区域,或针对可使用的上下文使用不同的表示等级。

(2)缩放任务。用户能够放大感兴趣的条目。用户通常对集合中的某个部分感兴趣,平滑的缩放有助于用户保持他们的位置感和上下文。用户能够通过移动缩放条控件或通过调整视图域框的大小在一个维度上缩放。缩放在针对小显示器的应用程序中特别重要。

(3)过滤任务。用户能够滤掉不感兴趣的条目。当用户控制显示的内容时,能够通过去除不想要的条目而快速集中他们的兴趣。通过滑块或按钮能快速执行显示更新,允许用户跨显示器动态突出显示感兴趣的条目。

(4)按需细化任务。用户能够选择一个条目或一个组来获得细节。通常的方法是仅在条目上单击,然后在单独或弹出的窗口中查看细节。按需细化窗口可能包含到更多信息的链接。

(5)关联任务。用户能够关联集合内的条目或组。与文本显示相比,视觉显示的吸引力在于利用人类处理视觉信息的感知能力。在视觉显示之内,有机会按接近性、包容性、连线或颜色编码来显示关系。突出显示技术能够用于引起对某些条目的注意。指向视觉显示能够允许快速选择,且反馈是明显的。

(6)历史任务。用户能够保存动作历史以支持撤销、回放和逐步细化。信息探索本来就是一个有很多步骤的过程,因此保存动作的历史并允许用户追溯其步骤是重要的。

(7)提取任务。一旦用户获得了他们想要的条目或条目集合,他们能够提取该集合并保存它、通过电子邮件发送它或把它插入统计和呈现的软件包中。他们可能还想发布那些数据,以便其他人用可视化工具的简化版本来查看。

2.新的数据研究方法

我们今天使用的许多传统图表,如折线图、条形图和饼图等都是苏格兰工程师、经济学家威廉姆·普莱菲尔发明的。他在1786年出版的《商业和政治图解》一书中,用44个图表,记录了1700~1782年期间英国贸易和债务,展示出这段时期的商业事件。这些手工绘制在纸上的图表是对当时通行表格的重大改进,直到20世纪70年代,人们还在通过手绘图看数据。

技术的进步让数据的量和可用性得到了极大的改善,这反过来给了人们以新的可视化素材以及新的工作和研究领域。没有数据,就没有可视化。世界银行以易于下载的方式提供了有关美国的全国性数据,可帮助用户了解整个世界的发展状况。利用这些数据研究历年来各国人口的平均寿命,显示出大多数地区的平均寿命总体在增加,其中的大回落表示某些地区发生了战争和冲突。

从太空这一个更广阔的视角来看NASA(美国国家航空航天局)使用卫星数据监视地球上的活动。例如,由NASA绘制的"永恒的海洋",使用类似的数据和模型来评估洋流,大量的数据使这一神奇成为可能。

3.信息图形和展示

研究数据时,你会形成自己的见解,因此没有必要向自己解释这些数据的有趣之处。但当观众不仅仅是自己时,就必须提供数据的背景信息。通常这并不是要为图表配上详尽的长篇大论的文章或论文,而是精心配上标签、标题和文字,让读者为即将见到的东西做好准备。可视化本身——形状、颜色和大小,代表了数据,而文字则可以让图形更易读懂。排版、背景信息和合理的布局也可以为原始统计数据增加一层信息。

通俗地说,可视化设计的目的是"让数据说话"。作为一种媒介,可视化已经发展成为一种很好的故事讲述方式。马修·迈特在"图解博士是什么"的图表中运用这一点达到了很好的效果(见图8-1)。制作这一图表是为了对研究生进行指导,当然它也适用于所有正在学习,并且想要在自己领域中获得进步的人。这些图并不华丽,它显示出不需要过多花哨的功能也可以吸引人们的目光。这同样也适用于数据。有价值的数据使图表值得一看,它传递了数据的故事。

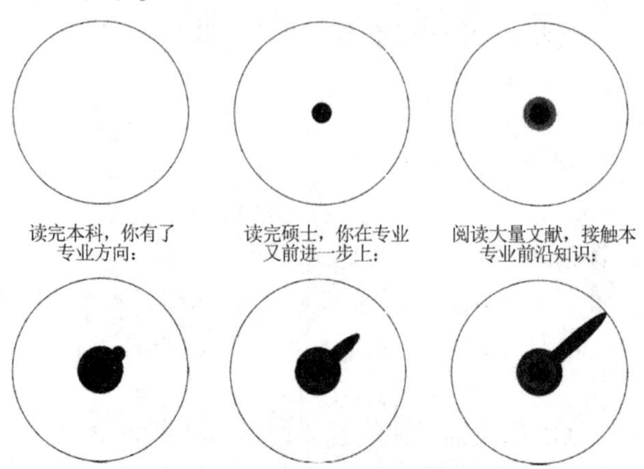

图 8-1 “图解博士是什么”图表

4.走进数据艺术的世界

2012 年,在距离伦敦奥运会开幕还有几个月时,艺术家格约拉和穆罕穆德·阿克坦在“形态”(Forms)图中将原本就很美的竞技运动演绎成衍生动画。小视频中播放一位运动员,如体操运动员或跳水运动员的腾空和翻转动作,大视频里同时生成由颗粒、枝条和长杆组成的图形,相应地移动。移动伴随有声音,让计算机生成的图形看起来更加真实。数据艺术由那些分析和信息图形常有的数字特征组成,让人们去体验那些让人感觉冰冷而陌生的数据。

虽然这些作品是用于艺术展或装饰墙壁的,但很容易看出它们对一些人的用处。例如,运动员和教练可能对完美的动作感兴趣,而视觉跟踪可以帮助他们更容易看到运动模式。“形态”可能不如动作捕捉软件回放动作那样直观,但机制是类似的。

这让人们再次开始思考“数据艺术是什么”,或者是更重要的问题——可视化是什么。可视化是一种应用广泛的媒介。在某一范围内有不同类型的可视化,但它们并没有明确清晰的界限(也没有必要)。可视化作品既可以是艺术的,同时又是真实的。

在费尔兰达·维埃加斯和马丁·瓦滕伯格的另一幅作品“风图”(WindMap)中,他们将可视化用作工具和表达方式,绘制了美国大部分地区风的流动模式。数据来自美国国家数字预测数据库的预报,每小时更新一次。可以通过缩放和平移数据库进行研究,还可以把鼠标指针停在某处了解该地的风速和方向。地图上风的流动越集中、越快,预报的风速就越大。

维埃加斯和瓦滕伯格将其风图看作是艺术品,其目的是赋予环境生命感,使它看上去很美。这些数据既是个性化的,又很容易与读者建立起关联,用传统的图表很难做到这些。也就是说,高质量的数据艺术和其他可视化一样,仍是由数据引导设计的。

可见,可视化的定义在不同的人眼中是不一样的。作为一个整体,可视化的广度每天都在变化。可视化的目的不同,目标读者可能就会迥然不同。但无论如何,可视化作为一种媒介用处很大。

二、可视化设计组件

所谓可视化数据，其实就是根据数值，用标尺、颜色、位置等各种视觉隐喻的组合来表现数据。深色和浅色的含义不同，二维空间中右上方的点和左下方的点含义也不同。

可视化是从原始数据到条形图、折线图和散点图的飞跃。人们很容易会以为这个过程很方便，因为软件可以帮忙插入数据，用户立刻就能得到反馈。其实在这中间还需要一些步骤和选择，例如用什么图形编码数据？什么颜色对用户的寓意和用途是最合适的？可以让计算机帮用户做出所有的选择以节省时间，但是至少，如果清楚可视化的原理以及整合、修饰数据的方式，用户就知道如何指挥计算机，而不是让计算机替用户做决定。对于可视化，如果知道如何解释数据以及图形元素是如何协作的，得到的结果通常比软件做得更好。

基于数据的可视化组件可以分为 4 种：视觉隐喻、坐标系、标尺以及背景信息。不论在图的什么位置，可视化都是基于数据和这 4 种组件创建的。有时它们是显式的，而有时它们则会组成一个无形的框架。这些组件协同工作，对一个组件的选择会影响到其他组件。

1.视觉隐喻

可视化最基本的形式就是简单地把数据映射成彩色图形。它的工作原理就是大脑倾向于寻找模式，你可以在图形和它所代表的数字间来回切换。必须确定数据的本质并没有在这反复切换中丢失，如果不能映射回数据，可视化图表就只是一堆无用的图形。所谓视觉隐喻，就是在可视化数据时，用形状、大小和颜色来编码数据。必须根据目的来选择合适的视觉隐喻，并正确使用它，而这又取决于用户对形状、大小和颜色的理解。

AT&T 贝尔实验室的一项研究表明，人们理解视觉隐喻（不包括形状）的精确程度，从最精确到最不精确的排序清单是：

位置→长度→角度→方向→面积→体积→饱和度→色相

很多可视化建议和最新的研究都源于这份清单。不管数据是什么，最好的办法是知道人们能否很好地理解视觉隐喻，领会图表所达的信息。

（1）位置。用位置做视觉隐喻时，要比较设定空间或坐标系中数值的位置。如图 8-2 所示，观察散点图时，是通过一个数据点的 x 坐标和 y 坐标以及和其他点的相对位置来判断的。

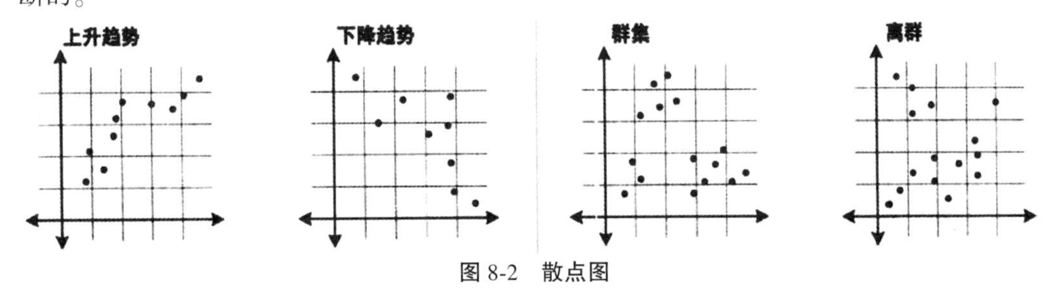

图 8-2　散点图

只用位置做视觉隐喻的一个优势就是,它往往比其他视觉隐喻占用的空间更少。因为你可以在一个 xy 坐标平面里画出所有的数据,每一个点都代表一个数据。与其他用尺寸大小来比较数值的视觉隐喻不同,坐标系中所有的点大小相同。然而,绘制大量数据之后,一眼就可以看出趋势、群集和离群值。

这个优势同时也是劣势。观察散点图中的大量数据点,很难分辨出每一个点分别表示什么。即便是在交互图中,仍然需要鼠标指针悬停在一个点上以得到更多信息,而点重叠时会更不方便。

(2)长度。长度通常用于条形图中,条形越长,绝对数值越大。不同方向上,如水平方向、垂直方向或者圆的不同角度上都是如此。

长度是从图形一端到另一端的距离,因此要用长度比较数值,就必须能看到线条的两端。否则得到的最大值、最小值及其间的所有数值都是有偏差的。

(3)角度。角度的取值范围从 0°到 360°构成一个圆。有 90°直角、大于 90°的钝角和小于 90°的锐角,直线是 180°。

0°~360°之间的任何一个角度,都隐含着一个能和它组成完整圆形的对应角,这两个角被称作共扼。这就是通常用角度来表示整体中部分的原因。尽管圆环图常被当作是饼状图的“近亲”,但圆环图的视觉隐喻是弧长,因为可以表示角度的圆心被切除了。

(4)方向。方向和角度类似。角度是相交于一个点的两个向量,而方向则是坐标系中一个向量的方向,可以看到上下左右及其他所有方向。

对变化大小的感知在很大程度上取决于标尺。例如,可以放大比例让一个很小的变化看上去很大,同样也可以缩小比例让一个巨大的变化看上去很小。一个经验法则是缩放可视化图表,使波动方向基本保持在 45°左右。如果变化很小但却很重要,就应该放大比例以突出差异。相反,如果变化微小且不重要,那就不需要放大比例使之变得显著。

(5)形状。形状和符号通常被用在地图中,以区分不同的对象和分类。地图上的任意一个位置可以直接映射到现实世界,因此用图标来表示现实世界中的事物是合理的。比如,可以用一些树表示森林,用一些房子表示住宅区。

在图表中,形状已经不像以前那样频繁地用于显示变化。例如,三角形和正方形都可以用在散点图中。不过,不同的形状比一个个点能提供的信息更多。

(6)面积和体积。大的物体代表大的数值。长度、面积和体积分别可以用在二维和三维空间中,表示数值的大小。二维空间通常用圆形和矩形,三维空间一般用立方体或球体。也可以更为详细地标出图标和图示的大小。

一定要注意所使用的是几维空间。最常见的错误就是只使用一维(如高度)来度量二维、三维的物体,却保持了所有维度的比例。这会导致图形过大或者过小,无法正确比较数值。

假设用正方形这个有宽和高两个维度的形状来表示数据。数值越大,正方形的面积就越大。如果一个数值比另一个大 50%,就希望正方形的面积也大 50%。然而一些软件的默认行为是把正方形的边长增加 50%,而不是面积,这会得到一个非常大的正方形,面积增加了 125%,而不是 50%。三维物体也有同样的问题,而且会更加明显。把一个立方体的长宽高各增加 50%,立方体的体积将会增加大约 238%。

(7)颜色。颜色视觉隐喻分两类:色相和饱和度。两者可以分开使用,也可以结合起来用。色相就是通常所说的颜色,如红色、绿色、蓝色等。不同的颜色通常用来表示分类数据,每个颜色代表一个分组。饱和度是一个颜色中色相的量。假如选择红色,高饱和度的红就非常浓,随着饱和度的降低,红色会越来越淡。同时使用色相和饱和度,可以用多种颜色表示不同的分类,每个分类有多个等级。

对颜色的谨慎选择能给数据增添背景信息。因为不依赖于大小和位置,可以一次性编码大量的数据。不过,要时刻考虑到色盲人群,确保所有人都可以解读图表。有将近8%的男性和0.5%的女性是红绿色盲,如果只用这两种颜色编码数据,这部分读者会很难理解这个可视化图表。可以通过组合使用多种视觉隐喻,使所有人都可以分辨出来。

2.坐标系

编码数据时,总得把物体放到一定的位置。有一个结构化的空间,还有指定图形和颜色画在哪里的规则,这就是坐标系,它赋予 xy 坐标或经纬度以意义。有几种不同的坐标系,3 种坐标系几乎可以覆盖所有的需求,它们分别为直角坐标系(也称为笛卡儿坐标系)、极坐标系和地理坐标系。

(1)直角坐标系。这是最常用的坐标系(对应如条形图或散点图)。通常可以认为坐标就是被标记为(x,y)的 xy 值对。坐标的两条线垂直相交,取值范围从负到正,组成了坐标轴。交点是原点,坐标值指示到原点的距离。举例来说,(0,0)点就位于两线交点,(1,2)点在水平方向上距离原点一个单位,在垂直方向上距离原点 2 个单位。

直角坐标系还可以向多维空间扩展。例如,三维空间可以用(x,y,z)来替代(x,y)。可以用直角坐标系来画几何图形,以使在空间中画图变得更为容易。

(2)极坐标系。极坐标系(对应如圆饼图)由一个圆形网格构成,最右边的点是零度,角度越大,逆时针旋转越多。距离圆心越远,半径越大。

将自己置于最外层的圆上,增大角度,逆时针旋转到垂直线(或者直角坐标系的 Y 轴),就得到了 90°,也就是直角。再继续旋转 1/4,到达 180°。继续旋转直到返回起点,就完成了一次 360°的旋转。沿着内圈旋转,半径会小很多。极坐标系没有直角坐标系用得多,但在角度和方向很重要时它会更有用。

(3)地理坐标系。位置数据的最大好处就在于它与现实世界的联系,它能给相对于你的位置的数据点带来即时的环境信息和关联信息。用地理坐标系可以映射位置数据。位置数据的形式有许多种,但通常都是用纬度和经度来描述,分别相对于赤道和子午线的角度,有时还包含高度。纬度线是东西向的,标识地球上的南北位置。经度线是南北向的,标识地球上的东西位置。高度可被视为第三个维度。相对于直角坐标系,纬度就好比水平轴,经度就好比垂直轴。也就是说,相当于使用了平面投影。

绘制地表地图最关键的地方是要在二维平面上(如计算机屏幕)显示球形物体的表面。有多种不同的实现方法,被称为投影。当你把一个三维物体投射到二维平面上时,会丢失一些信息,与此同时,其他信息则被保留下来。

3.标尺

坐标系指定了可视化的维度,而标尺则指定了在每一个维度里数据映射到哪里。标尺有很多种,如数字标尺、分类标尺和时间标尺。标尺和坐标系一起决定了图形的位置以及投影的方式。

(1)数字标尺。线性标尺上的间距处处相等,无论处于坐标轴的什么位置。因此,在标尺的低端测量两点间的距离和在标尺高端测量的结果是一样的。然而,对数标尺是随着数值的增加而压缩的。对数标尺不像线性标尺那样被广泛使用。对于不常和数据打交道的人来说,它不够直观,也不好理解。但如果关心的是百分比变化而不是原始计数,或者数值的范围很广,对数标尺还是很有用的。

百分比标尺通常也是线性的,用来表示整体中的部分时,最大值是100%(所有部分总和是100%)。

(2)分类标尺。数据并不总是以数字形式呈现的,它们也可以是分类的,比如人们居住的城市,或政府官员所属党派。分类标尺为不同的分类提供视觉分隔,通常和数字标尺一起使用。拿条形图来说,你可以在水平轴上使用分类标尺(如A、B、C、D、E),在垂直轴上用数字标尺,这样就可以显示不同分组的数量和大小了。分类间的间隔是随意的,和数值没有关系,它通常会为了增加可读性而进行调整,顺序和数据背景信息相关。当然,也可以相对随意,但对于分类的顺序标尺来说,顺序就很重要了。比如,将电影的分类排名数据按从糟糕的到非常好的这种顺序显示,能帮助观众更轻松地判断和比较影片的质量。

(3)时间标尺。时间是连续变量,可以把时间数据画到线性标尺上,也可以将其分成月份或者星期这样的分类,作为离散变量处理。当然,它也可以是周期性的,总有下一个正午、下一个星期六和下一个一月份。和读者沟通数据时,时间标尺带来了更多的好处,因为和地理地图一样,时间是日常生活的一部分。随着日出和日落,在时钟和日历里,我们每时每刻都在感受和体验着时间。

4.背景信息

背景信息(帮助更好地理解数据相关的5W信息,即何人、何事、何时、何地、为何)可以使数据更清晰,并且能正确引导读者。至少,一段时间后回过头来再看时,它可以提醒人们这张图在说什么。

有时背景信息是直接画出来的,有时它们则隐含在媒介中。至少可以很容易地用一个描述性标题来让读者知道他们将要看到的是什么。想象一幅呈上升趋势的汽油价格时序图,可以把它称为“油价”,这样显得清楚明确,也可以称它为“上升的油价”,来表达出图片的信息;还可以在标题底下加上引导性文字,描述价格的浮动。

所选择的视觉隐喻、坐标系和标尺都可以隐性地提供背景信息。明亮、活泼的对比色和深的、中性的混合色表达的内容是不一样的。同样,地理坐标系让你置身于现实世界的空间中,直角坐标系的XY坐标轴只停留在虚拟空间,对数标尺更关注百分比变化而不是绝对数值。这就是为什么注意软件默认设置很重要的原因。

现有的软件越来越灵活,但是软件无法理解数据的背景信息。软件可以帮用户初步画出可视化图形,但还要由用户来研究和做出正确的选择,让计算机输出可视化图形。其中,部分来自用户对几何图形及颜色的理解,更多则来自练习,以及从观察大量数据和评估不熟悉数据的读者的理解中获得的经验。常识往往也很有帮助。

5.整合可视化组件

单独看这些可视化组件没那么神奇,它们只是漂浮在虚无空间里的一些几何图形而已。如果把它们放在一起,就得到了值得期待的完整的可视化图形。例如,在一个直角坐标系里,水平轴上用分类标尺,垂直轴上用线性标尺,长度做视觉隐喻,这时得到了条形图。在地理坐标系中使用位置信息,则会得到地图中的一个个点。

在极坐标系中,半径用百分比标尺,旋转角度用时间标尺,面积做视觉隐喻,可以画出极区图(即南丁格尔玫瑰图)。本质上,可视化是一个抽象的过程,是把数据映射到了几何图形和颜色上。从技术角度看,这很容易做到。你可以很轻松地用纸笔画出各种形状并涂上颜色。难点在于,你要知道什么形状和颜色是最合适的、画在哪里以及画多大。

要完成从数据到可视化的飞跃,必须知道自己拥有哪些原材料。对于可视化来说,视觉隐喻、坐标系、标尺和背景信息都是拥有的原材料。视觉隐喻是人们看到的主要部分,坐标系和标尺可使其结构化,创造出空间感,背景信息则赋予了数据以生命,使其更贴切,更容易被理解,从而更有价值。

知道每一部分是如何发挥作用的,尽情发挥,并观察别人看图时得到了什么信息:不要忘了最重要的东西,没有数据,一切都是空谈。同样,如果数据很空洞,得到的可视化图表也会是空洞的。即使数据提供了多维度的信息,而且粒度足够小,使你能观察到细节,那也必须知道应该观察些什么。

三、分类数据的可视化

数据量越大,可视化的选择就越多,然而很多选择可能是不合适的。为了过滤掉那些不好的选择,找到最合适的方法,得到有价值的可视化图表,就必须了解自己的数据。

数据分析中常常需要把人群、地点和其他事物进行分类,分类可以带来结构化。

条形图是显示分类数据最常用的方法。每个矩形代表一个分类,矩形越长,数值越大。当然,数值大可能表示更好,也可能表示更差,这取决于数据集以及制作者视角。条形图在视觉上等同于一个列表。每一条都代表一个值,可以用不同的矩形来区分,也可以使用不同的标尺和图形表示同样的数据。

1.整体中的部分

把分类放在一起时,各部分的总和等于整体,例如,统计每个地区的人数就得到了全国总人数。把分类看成独立的单元将有助于看到整体分布情况或单一种群的蔓延情况。

在圆饼图中,完整的圆表示整体,每个扇区都是其中的一部分。所有扇区的总和等于100%。在这里,角度是视觉隐喻。

用户需要决定是否使用圆饼图。分类很多时,圆饼图很快会乱成一团,因为一个圆里只有这么点空间,所以小数值往往就成了细细的一条线。

2.子分类

子分类通常比主分类更有启示性。随着研究的深入,能看到更多内容和更多变化。显示子分类使数据浏览更容易,因为阅读者可以将视线直接跳到他所最关注的地方。

3.数据的结构和模式

对于分类数据,通常能立刻看到最小值和最大值,这能让你了解到数据集的范围。通过快速排序,也可以很方便地查找到数据集的范围。之后,看看各部分的分布情况,大部分数值是很高?很低?还是居中?最后,再看看结构和模式,如果一些分类有着同样或差异很大的值,就要问问为什么,以及是什么让这些分类相似或不同的。

四、时序数据的可视化

可视化时序数据时,目标是看到什么已经成为过去,什么发生了变化,以及什么保持不变,相差程度又是多少;与去年相比,增加了还是减少了;造成这些增加、减少或不变的原因可能是什么;有没有重复出现的模式,是好还是坏;预期内的还是出乎意料的。

和分类数据一样,条形图一直以来都是观察数据最直观的方式,只是坐标轴上不再用分类,而是用时间。通常,时间段之间的变化幅度比每个点的数值更有趣。

1.周期

一天中的时间,一周中的每一天以及一年中的每个月都在周而复始,对齐这些时间段通常会有好处。然而,如果条形图看起来像是一个连续的整体,会更容易区分变化,因为可以看到坡度,或者点之间的变化率。当用连续的线时,会更容易看到坡度。折线图以相同的标尺显示了与条形图一样的数据,但通过方向这一视觉隐喻直接展现出了变化。

同样,也可以用散点图,数据和坐标轴一样,但视觉隐喻不同。与条形图一样,散点图的重点在每个数值上,趋势不是那么明显。

如果用线把稀疏的点连起来,图的焦点就又变了。如果你更关心整体趋势,而不是具体的月度变化,那么就可以对这些点使用 LOESS 曲线法,而不是连接每个点。

当然,图表形式的选择取决于数据,虽然开始时可能看起来有很多选择,但通过实践能知道使用何种图表最合适,相似的数据集也可能有很多不同的选择。

2.循环

影响到经济以及失业率的因素很多,因此在各个显著增加的间隔中并没有表现出什么规律。例如,数据没有显示出失业率每 10 年上升 10%。然而,很多事情仍是有规律性地重复着。

来自机场的航班数据也显示了类似的循环现象,通常星期六的航班最少,星期五的航班最多。切换到极坐标轴,如星状图(也称雷达图、径向分布图或蛛网图)一样。从顶部的数据开始,顺时针看。一个点越接近中心,其数值就越低,离中心越远,数值则越大。

因为数据在重复,所以比较每周同一天的数据就有了意义。比如,比较每个星期一的情况。要弄清那些异常值的日期,最直接的方法是回到数据中查看最小值。

总体来说,我们要寻找随时间推移发生的变化。更具体地说是要注意变化的本质。变化很大还是很小?如果很小,那这些变化还重要吗?想想产生变化的可能原因,即使是突发的短暂波动,也要看看是否有意义。变化本身是有趣的,但更重要的是要知道变化有什么意义。

五、空间数据的可视化

空间数据很容易理解,因为任何时刻都知道自己在哪儿——去过哪儿以及想去哪儿。

空间数据存在自然的层次结构,可以并需要以不同的粒度进行探索研究。在遥远的太空中,地球看起来就像个小蓝点,什么也看不到;但随着画面的放大,就可以看见陆地和大片的水域了,那是大陆和大洋。继续放大,还可以看见各个国家及其海域,然后就是州、省、市、区、县、镇,一直到街区和房屋。从概要视图到细节视图的放大倍数被称为缩放系数。当缩放系数在5~30时,相互协调的概要视图和细节视图是有效的;然而,对于较大的缩放系数,就需要一个额外的中间视图。

全球数据通常按国家分类,而国家的数据则按州、省或地区分类。然而,如果对各个街区或相邻区域的差异有疑问,那么这种高层级的集合就没有太多用处。因此,研究路线取决于拥有的数据或者能够得到的数据。

为了维护个人隐私,防止个人住址泄露,通常要在发布数据前聚合空间数据。有时不可能在更高粒度级别进行估计,这个工作量太大。例如,在具体国家之外很少能见到全球的数据,因为很难在每个国家都获取到这么详细的大样本数据。

如果估算同样的东西,为什么不合并研究呢?方法不同,很难获取可比较的结果。而在其他时候,合并数据也是有意义的,因为人们想要比较不同的区域。例如,如果使用开放数据,通常能看到对国家、省市和县的估算。虽然不是很详细,但仍然可以从聚合数据中得到信息。

等值区域图是在某个空间背景信息中可视化区域数据时最常用的方法。这种方法使用颜色作为视觉隐喻,不同区域根据数据填色。数值大的区域通常用饱和度高的颜色,数值小的区域则用饱和度低的颜色。

有时空间数据确实包含具体的地点,但大多会对整体更感兴趣。在大城市里也有许许多多的位置点,在绘制完整的地图时,这些点会重叠在一起,很难分辨出在密集的地区到底有多少数据。

空间数据和分类数据很像,只是其中包含了地理要素。首先,应该了解数据的范围,然后寻找区域模式。例如,某个国家、某个大洲的某个区域是否聚集了较高或较低的值?

关于一个人满为患的地区,单独的数值只能告诉一小部分信息,因此想想模式隐含的意义,再参考其他数据集以证实自己的直觉判断。

六、让可视化设计更清晰

在研究阶段,要从各种不同的角度观察数据,浏览它的方方面面。之所以要了解图表,是因为在研究了大量快速生成的图表后会了解更多的信息。因此,要用图形方式向人们展示研究结果,就必须确保受众也能很容易地理解图表,应该设计更清晰的、简单易读的图表。有时数据集是复杂的,可视化也会变得复杂。不过,只要能比电子表格提供的有用见解更多,它就是有意义的。无论是定制分析工具还是数据艺术,制作图表都是为了帮助人们理解抽象的数据,尽量不要让读者对数据感到困惑。

1.建立视觉层次

第一次看可视化图表时,会快速地扫一眼,试图找到有趣的东西。而实际上,在看任何东西时,人的眼睛总是趋向于识别那些引人注目的东西,如明亮的颜色、较大的物体及处于身高曲线长尾端的人。高速公路上用橙色锥筒和黄色警示标识提醒人们注意事故多发地或施工处,因为在单调的深色公路背景中,这两种颜色非常引人注目。相反,人山人海中躲得很隐蔽的某个人就很难找到。

可以利用这些特点来可视化数据。用醒目的颜色突出显示数据,淡化其他视觉元素,把它们当作背景。用线条和箭头引导视线移向兴趣点,这样就可以建立起一个视觉层次,帮助读者快速关注到数据图形的重要部分,而把周围的东西都当作背景信息。

很容易通过一些细微的改变做出改进。例如,使网格线变细以突出数据,而网格线粗细交替,很容易定位每个数据点在坐标系中的位置;减少网格线的宽度使其成为背景,用颜色和宽度把图表的焦点转移到拟合线上。进一步调整,减少网格和数值标签,减少网格线,图表的可读性大大增强。

即使绘制图表只是为了研究或对数据进行概览,而不是为了查看具体的数据点或者数据中的故事,如趋势线,但仍然可以通过视觉层次将图表结构化。若呈现大量的数据会造成视觉惊吓,按类别细分则有助于读者浏览图表。

有时,视觉层次可以用来体现研究数据的过程。假设在研究阶段生成了大量的图表,可以用几张图来展示全景,在其中标注出具体的细节(另有图表单独表示)。

最重要的是,有视觉层次的图表容易读懂,能把读者引向关注焦点。相反,扁平图则缺少流动感,读者难以理解,更难进行细致研究。这不是我们想要的结果。

2.增强图表的可读性

用视觉线索编码数据,就需要解码形状和颜色以得出见解,或理解图形所表达的内容。如果没有清楚地描述数据,没有画出可读性强的数据图,颜色和形状就失去了其价值。图形和相关数据间的联系若被切断,结果也只是一个几何图而已。

必须维护好视觉隐喻和数据之间的纽带,因为是数据连接着图形和现实世界。图形的可读性很关键,可以对数据进行比较,思考数据的背景信息及其所表达的内容,并组织好形状、颜色及其周围的空间,使图表更加清楚。

3.允许数据点之间进行比较

允许数据点之间进行比较是数据可视化的主要目标。在表格中,只能逐个对数据进行认识,把数据放到视觉环境中就可以看出一个数值和其他数值的关联有多大,所有数据点是彼此相关的。可视化作为更好地理解数据的一种方式,如果不能满足这个基本需求,也就失去了价值。即便只想表明这些数值都是相等的,允许进行比较并得出结论仍然很关键。

传统的图表,如条形图、折线图,它们都设计得让数据点的比较尽可能直接和明显。把数据抽象成基本的几何图形,可以比较长度、方向和位置。通过一些微妙的变化就可以让图表更难读或易读。例如用面积做视觉隐喻,用面积来表示数值,实际上,图形的大小取决于人们怎样用图形来诠释数据。

然而,与位置或长度相比,分辨出二维图形间的细微差异会更困难。当然,这并不是说不能用面积做视觉隐喻。相反,当数值间存在指数级差异时面积就大有用武之地。如果细微的差别很重要,就需要用其他的视觉隐喻,如位置或长度。

另外,气泡图把大数据和小数据放在同一个空间里,不能像条形图一样直观、精确地比较数值。但就这个例子而言,条形图也不能很好地进行比较。

引入颜色作为视觉隐喻还有一些其他需要考虑的因素。例如,如果用相同饱和度的红色和绿色，对色盲人群来说这两种颜色是一样的。颜色选项也会根据所用的色阶和表达的内容而改变。

4.描述背景信息

背景信息能帮助读者更好地理解可视化数据。它能提供一种直观的印象，并且增强抽象的几何图形及颜色与现实世界的联系。可以通过图表周围的文字引入背景信息，例如在报告或者新闻报道中；也可以用视觉隐喻和设计元素把背景信息融入可视化图表中。

通常，视觉隐喻的选择会随着对图表的期望而变化。不能达到预期效果的图表只会困扰读者——当然，这是从设计角度来看的，而非数据的角度。意外显示出的趋势、模式和离群值总是受欢迎的。

第九章　Origin 基础内容研究

第一节　Origin 安装

一、系统要求

Origin 8.0 能够在 Microsoft Windows NT/2000/XP/或 Microsoft Windows Vista™等环境下运行。根据安装的选项，Origin8.0 安装后约占 280MB 硬盘空间。运行要求至少1.0GHz 以上主频的奔腾 CPU，512MB 以上内存，CD-ROM 驱动器和 350MB 以上可用硬盘空间。

二、安装 Origin8.0

在 WindowsXP 环境下，插入 Origin8.0 安装光盘，双击“setup.exe”文件，出现 Origin8.0 安装图标，如图 9-1(a)所示；而后开始进入安装界面，如图 9-1(b)所示。Origin8.0 安装过程与其他的应用软件相同，根据安装提示，输入用户信息、选择安装程序、数据输入的格式等信息，在安装导向引导下，将 Origin8.0 安装到计算机硬盘上。图 9-2 为 Origin8.0 正在安装的界面。安装完成后有安装成功提示信息，如图 9-3 所示。安装成功后在开始文件菜单中可以看到有 Origin8.0 的图标，如图 9-4 所示。双击 Origin8.0 图标，第一次运行 Origin8.0，在弹出选择用户工作目录、要求注册和准备运行等窗口进行选择后(见图 9-5)，软件即可使用。

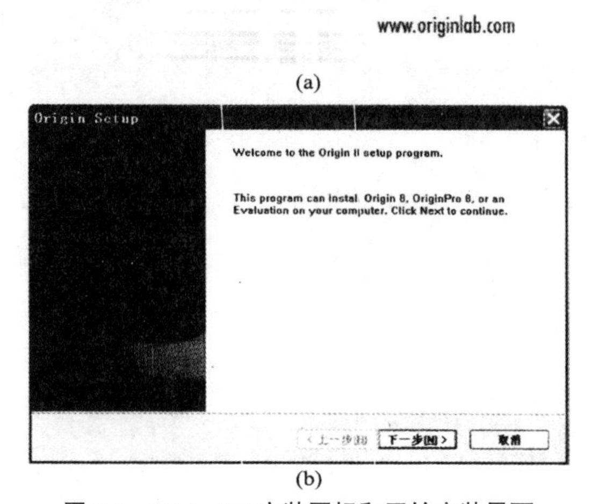

(a)

(b)

图 9-1　Origin 8.0 安装图标和开始安装界面

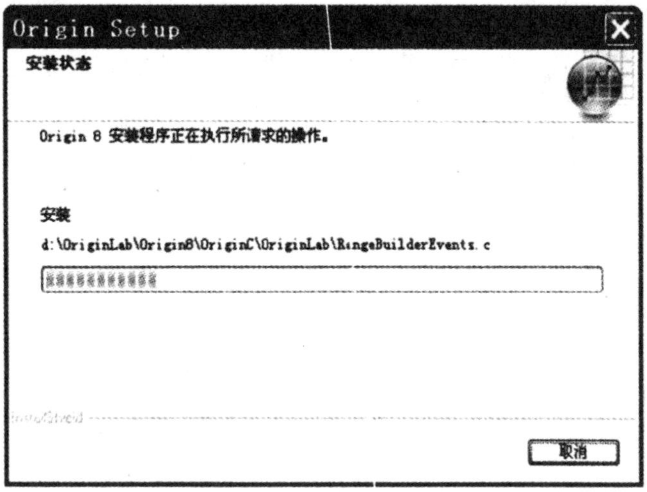

Origin Setup

安装状态

Origin 8 安装程序正在执行所请求的操作。

安装

d:\OriginLab\Origin8\OriginC\OriginLab\RangeBuilderEvents.c

取消

图 9-2　Origin 8.0 安装状态界面

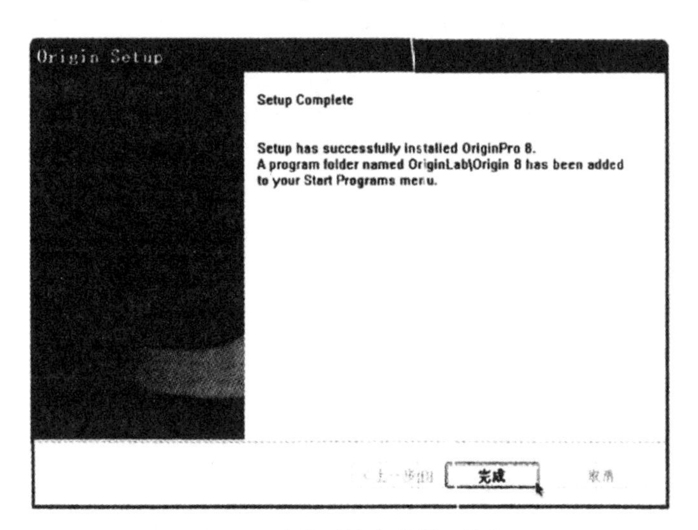

图 9-3　安装系统完成提示信息

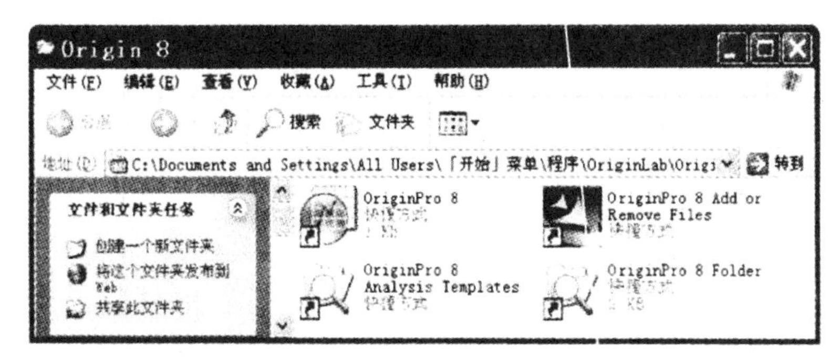

图 9-4　开始文件菜单中 Origin 8.0 图标

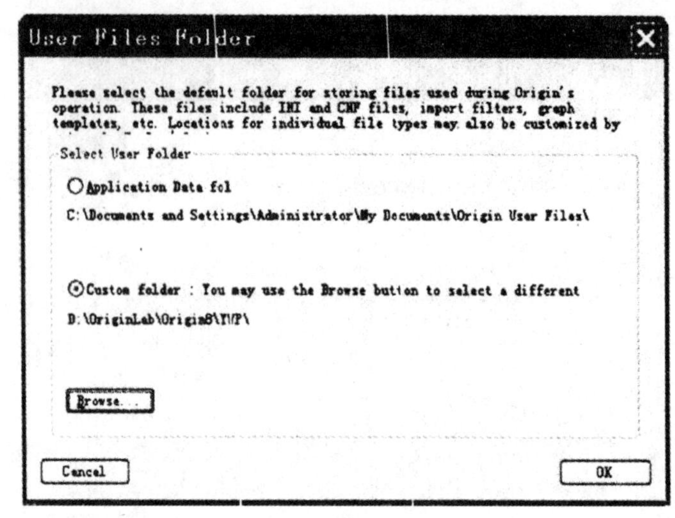

(a)选择工作目录窗口

Please wait while Origin is scanning
X-Functions in your computer.
This happens when the software is used for
the first time, or when X-Functions
are added, deleted, or modified.

(b)准备运行窗口

图 9-5　Origin 8.0 第一次运行弹出的窗口

三、卸载 Origin8.0

在 Origin8.0 开始菜单中，运行“Origin8.0 Add or Remove Files”程序，出现【Origin Setup】窗口，如图 9-6 所示。选择“除去”按钮，可将 Origin8.0 从计算机中卸载。在卸载过程中，Ongin8.0 会将用户工作子目录中的文件，如模板文件、工程文件、自定义函数、主题文件、配置文件及其他数据文件等保存，以供今后重新安装后存入 Origin 软件时使用。

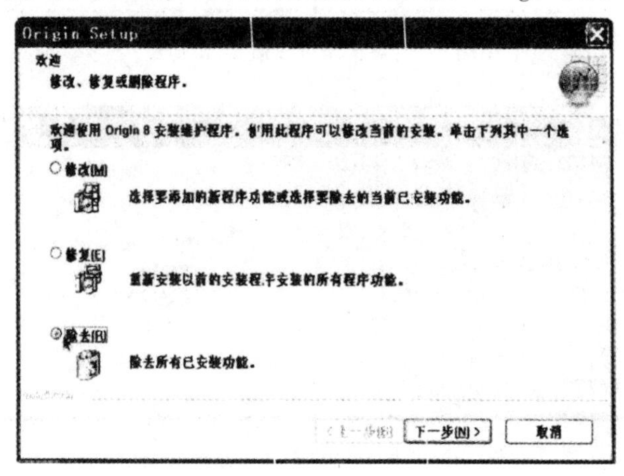

图 9-6　【Origin Setup】窗口

四、Origin Viewer

Origin Viewer 是 OriginLab 公司为方便在计算机上未安装 Origin 或 OriginPro 的用户而想打开 Origin 的项目文件(opj)准备的浏览器(约 4.3MB),可在 OriginLab 官方网站上免费下载。Origin Viewer 可以安装在 Microsoft Windows NT/2000/XP/等环境下,用于浏览和拷贝 Origin 项目文件中的内容。Origin Viewer 打开项目文件后的窗口如图 9-7 所示。

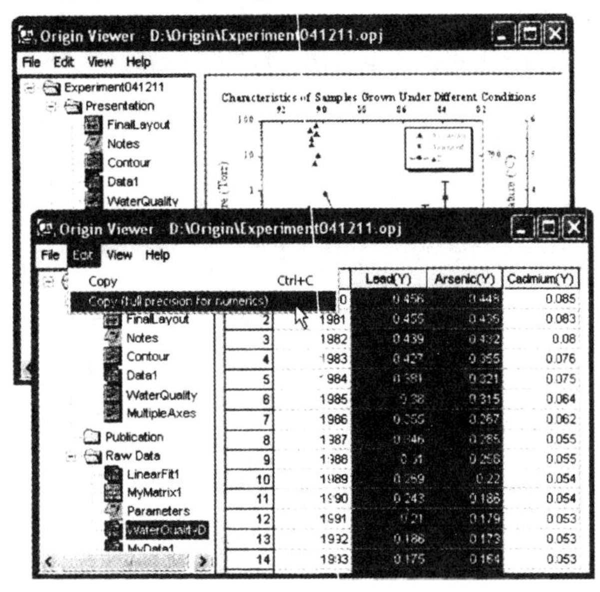

图 9-7　Origin Viewer 浏览和拷贝界面

第二节　Origin 子目录及文件类型

一、Origin8.0 子目录

在安装的 Origin 目录下,含用户子目录共有 21 个,在 Samples 目录下,按子目录分类存放了 Origin 软件提供的数据分析和绘图用数据。

在 Localization 子目录下,存放有 Origin 的帮助文件,这些帮助文件是以 Windows 帮助文件格式提供的。在 FitFunc 子目录下,存放的是 Origin 软件提供的用于回归分析的回归函数。在 Themes 子目录下,存放有 Origin 提供的内置 Themes 文件。用户自定义的模板文件、主题文件和自编的回归拟合函数将会存放在用户目录下。

二、Origin8.0 文件类型

Origin 由项目(Project)文件组织用户的数据分析和图形绘制。保存项目文件时,各子窗口,包括工作簿(Workbook)窗口、绘图(Graph)窗口、函数图(FunctionGraph)窗口、矩阵工作簿(Matrix)窗口和版面设计(Layout page)窗口等将随之一起保存。各子窗口也可以单独保存为窗口文件或模板文件。当保存为窗口文件或模板文件时,它们的文件扩展名有所不同。Origin8.0 有各类窗口、模板文件和其他类型文件,它们有不同的文件扩展名。熟悉这些文件类型、文件扩展名和了解这些文件的作用,对掌握 Origin 软件是有帮助的。

第三节　Origin 功能升级

从 Origin7.5 升级到 Origin8.0,软件在很多方面,如工作表方面、数据分析方面、图形处理方面和图形用户界面等方面都有很大的提升。

一、全新科技多工作表工作簿

1.支持多工作表工作簿(Multi-sheet workbooks)

使用过 Origin 以前版本的用户,当第一次运行 Origin8.0 时就会发现 Origin8.0 的工作簿有了全面的提升。它类似 Excel 工作簿,在一个工作簿中可以支持多个工作表。用户可以用右键单击工作表的标签来创建、删除、复制或者重命名工作表。通过工作表标签,可以实现在不同的工作表之间进行快速切换。

2.在工作簿和工作表中支持元数据(Metadata)模式

在 Origin8.0 的工作簿和工作表中支持元数据,元数据将文件名、创建时间和变量与输入的数据共同存储在一起。可以通过打开工作簿管理器(Workbook Organizer),了解该工作簿的元数据信息。此外,Origin8.0 支持用户自定义的元数据,用户可以在工作表建立保留的行中存储与数值数据不同的元数据,包括名称、单位、注解等。

3.带有全新数据预览精灵(Sparklines)功能工作表

Origin8.0 的工作表的数据预览精灵可以在每列数据的头部产生数据的预览曲线,可以快速地了解数据的走向和趋势,方便了用数据进行绘图的用户。当数据改变后,用户可以在数据预览精灵的单元里用右键单击来更新。

4.工作表的单元格中嵌入存储各类图形

在 Origin8.0 工作表的单元格中可以嵌入图形、说明文字等数据。这样可以将经过不同分析处理的图形分别存放在不同的单元格中,方便对比。这种多工作表工作簿能灵活、直观和高效地管理试验数据、分析报告、图表和图像。

二、全新的数据统计分析工具

1.专业标准的数据统计分析工具

Origin8.0 全面地改进了数据统计分析工具,使之具有专业标准的数据统计分析功能。这其中包括描述统计(Descriptive Statistics)、假设检验(Hypothesis Testing)、单因素和双因素方差分析(One-Way and Two-Way,简称 ANOVA)、基线和峰分析(Baseline and Peak Analysis)、快速傅里叶变换(FFT)、平滑和滤波(Smoothing,Filtering),以及线性回归和非线性曲线拟合(Linear Regression and Nonlinear Curve Fitting)。在这些改进的数据统计分析工具中,可以方便地在标准的分析窗口界面中设置和控制相关的因素,这些分析设置可以存放在一个主题(Theme)文件中供以后使用。数据统计分析工具会在原数据工作簿中自动新创建一个工作表,用于存放数据统计分析结果。

Origin7.5 的自动更新(Auto Update)功能在 Origin8.0 中的分析、统计和拟合工具中进一步提升为再计算(Recalculation)功能。再计算功能选项可以设置为不自动更新、手工更新和自动更新三种模式。

2.数据统计分析主题/模板

在 Origin8.0 中,主题/模板(Theme/Template)的概念从 Origin7.5 的用于作图扩展到了数据分析,整个分析过程可由主题/模板控制。分析过程主题实际上是保存有分析对话框设置的 XML 文件。当第一次打开对话框时,Origin8.0 就打开了带有系统事先设置的默认主题,而当进行了一个分析过程后,Origin8.0 将这个分析过程的设置保存在最近的(LastUsed)主题里,以供用户下一次使用。用户也可将该主题进行重命名保存,以供用户将来使用。

当数据分析完成后,可以将原始数据清除掉,保存该窗口为分析模板。分析模板可以包括单个工作簿或整个项目文件。当将其他数据拖曳到该模板时,该模板可以完成相关的分析工作,该强大的数据分析模板功能使重复分析变得十分简便。

3.改进后的拟合 GUI

Origin8.0 改进后的拟合 GUI 中的设置是通过对该对话框中的标签完成的。在该对话框中,用户可以选择拟合函数类别和具体函数,拟合 GUI 中增加了拟合曲线显示和参差分析,在很多 Origin8.0 的分析窗口中都具有相应的图形预览功能,这可以更方便用户监控整个拟合过程。。

打开 Origin8.0 拟合 GUI 中设置标签的【Advanced】对话框,还可以单击节点,打开不同层上的节点,选中想要输出的统计量并可以进一步用鼠标拖动窗口边的滚动条,选择其他想要输出的表格和参数。当完成了拟合过程,输出报告,包括所有选择的参数、统计量及拟合的图形将在该数据工作簿中新建一个工作表,可以单击该新建工作表中图中节点,了解表中各参数、统计量。在工作表中还嵌入了拟合的图形,双击该图形可以打开该图形的图形窗口。

三、新增绘图和数据交换种类

1.新增绘图图形种类

Origin8.0 新增了绘图图形种类,包括从 XYZ 数据直接进行轮廓图(Contour Plot)绘制、轮廓图边界显示、极坐标轮廓图(Polar Contour Plot)绘制、矩阵散点图(Scatter Matrix Plot)绘制和 Y 轴偏移的层叠线(Stacked Lines)图绘制。这些新增图形种类进一步丰富了 Origin 强大的绘图功能。

2.新增数据交换种类

Origin8.0 新增的数据输入格式包括 Molecular Devices 的 PCLAMP ABF、National Instruments公司的 DIAderri 和 ETAS 公司的 INCAMDF 等各种软件的数据格式。

此外,Origin8.0 扩展了数据导入向导(Wizard),数据导入向导可定制各类数据文件的导入方式。数据文件的导入设置可存放在过滤(Filter)文件中,供下次同类数据导入时使用。当导入数据时,Origin 会在该数据文件的目录下和用户文件目录下,选择合适的过滤文件用于数据导入。

四、新的命令窗口和 X 函数

Origin8.0 的命令(Command)窗口代替了以前版本的 Script 窗口,由“Command”面板和“History”面板两部分组成。在“History”面板中保存有以前执行过的命令,这样有利于用户重复进行操作。用户除可以在命令窗口完成数学计算等任务外,还可以进行和完成执行 X 函数(X-Functions)命令,得到 X 函数联机帮助等。例如,在命令窗口输入:“lx-h”,则会在命令窗口显示“lx”命令使用的相关帮助,见图 9-8。

```
>>lx -h

Utilities\System: lx
--------------------
Lists x-functions (by name, keyword, location etc)

Usage:
1. lx;
2. lx xfname d:=lcvh;
3. lx search:="f-test";
4. lx category:=*nonlin*;
5. lx loc:=user;

Variables Info:
name: [in] type=string, default=*, description=This varia
display: [in] type=string, default=rbn, description=N sor
L show location
C show category
V show variable information
H show general help
B show brief description
A show argument names
T show argument types
D show argument defaults
R remove duplicate names
U update (refresh) list
category: [in] type=string, default=*, description=This v
location: [in] type=int, default=0, description=Location
search: [in] type=string, default="", description=Specify

See Also:
lc
```

图 9-8　命令窗口“lx”命令使用的相关帮助

X 函数(X-Functions)是 Origin8.0 的一个亮点,它构成了 Origin8.0 工具的框架。实际上,Origin8.0 的绝大多数增强和扩展工具都是通过使用 X 函数来实现的。系统的 X 函数是后缀扩展名为 oxf 的 XML 文件格式文件,存放在 Origin8.0 的 X-Functions 子目录里。

Origin8.0 提供了大量用于进行数据分析的 X 函数,这些 X 函数可以通过 LabTalk 调用,因此用户也可以通过命令窗口进行数据分析。利用这个功能,Origin 中所有的功能都可以自由的调用、设置和编程,可以最大限度地利用该软件,例如,可以用 X 函数定制数据的输入过程。

五、新的图像处理功能

与以前版本相比,Origin8.0 提供了大量用于进行图像处理和分析菜单的功能,将这些功能整合在“Image”菜单下,其图像处理和分析函数也是采用 X 函数完成的。Origin8.0 的图像处理功能包括图像调整、算法转变、图像转换、形状转变和滤波等。有了这些功能,该软件可以完成一般的图像处理和分析,大大提升了 Origin 软件的图像处理能力。

第四节 Origin 的工作空间与基本操作

一、Origin 的工作空间

1. 工作空间概述

Origin8.0 的工作空间包括以下几部分：

(1)菜单栏。类似 Office 的多文档界面，Origin8.0 窗口的顶部是主菜单栏。主菜单栏中的每个菜单项包括下拉菜单和子菜单，通过它们几乎能够实现 Origin 的所有功能。此外，Origin 软件的设置都是在其菜单栏中完成的，因而了解菜单中各菜单选项的功能对掌握 Origin8.0 是非常重要的。

(2)工具栏。菜单栏下方是工具栏。Origin8.0 提供了分类合理、直观、功能强大、使用方便的多种工具。一般最常用的功能都可以通过工具栏实现。

(3)绘图区。绘图区是其主要工作区，包括项目文件的所有工作表、绘图子窗口等。大部分绘图和数据处理的工作都是在这个区域内完成的。

(4)项目管理器。窗口的下部是项目管理器，它类似于 Windows 下的资源管理器，能够以直观的形式给出用户的项目文件及其组成部分的列表，方便地实现各个窗口间的切换。

(5)状态栏。窗口的底部是状态栏，它的主要用途是标出当前的工作内容，以及对鼠标指到某些菜单按钮时进行说明。

2. 菜单栏

通过选择菜单命令【Format】→【Menu】，可选择完整菜单(Full Menus)和短菜单(Short Menus)两个选项。选择完整菜单则显示所有的菜单命令，而选择短菜单则只显示部分主要菜单命令。本书中列出的菜单，如无特别说明，均指完整菜单。

菜单栏的结构与当前活动窗口的操作对象有关，取决于当前的活动窗口。当前窗口为工作表窗口、绘图窗口或矩阵窗口时，主菜单及其各子菜单的内容并不完全相同。

与 Origin7.5 的菜单相比，Origin8.0 的 Analysis 菜单是动态的，最近使用过的命令会出现在菜单底部，这大大方便了用户，使用户能快速进行重复操作。另外，Origin8.0 的 Analysis 菜单更加简捷，大部分的命令选项后面跟有黑三角箭头(▶)，这是指明其后面隐含有子菜单。

Origin8.0 的菜单较为复杂，当不同的子窗口为活动窗口时，其菜单结构和内容类型发生相应的变化，有的菜单项只是针对某种子窗口的，因此，也可以说菜单结构和内容对窗口敏感(Sensitive)。鉴于 Origin8.0 中最常用的窗口是工作簿窗口和绘图窗口，在这里主要讨论这两种情况。

3. 工具栏

Origin 提供了大量的工具栏。这些工具栏是浮动显示的，可以根据需要放置在屏幕的任何位置。为了使用方便和整齐起见，通常将工具栏放在工作空间的四周。工具栏包含了经常使用的菜单命令的快捷命令按钮，给用户带来了很大的方便。当用鼠标放在工具按钮上时,会出现一个显示框,显示工具按钮的名称和功能,当鼠标放在输入多列ASCII按钮上时,鼠标下显示"Import Multiple ASCII"。

可通过选择菜单命令【View】→【Toolbars】,在工具栏名称列表框中的复选框选择想要在Origin工作窗口中显示/隐藏工具栏。

Origin提供了17种工具栏,它们的名称和主要功能如下:

(1)标准(Standard)工具栏。提供新建、打开项目和窗口、导入ASCII数据、打印、复制和更新窗口等基本工具。当数据需要更新时,标准工具栏的再计算按钮(Recalculate)会有相应的显示。

(2)编辑(Edit)工具栏。编辑工具栏提供剪切、复制和粘贴等编辑工具。

(3)绘图(Graph)工具栏。当图形窗口或版面设计窗口为活动窗口时,可使用绘图工具栏。绘图工具栏提供图的缩放、曲线和图层操作、图例个表的添加等工具。

(4)二维绘图(2D Graphs)工具栏。当工作表、Excel工作簿或图形窗口为活动窗口时,可使用二维绘图工具栏。二维绘图工具栏提供各种二维绘图的图形样式,如直线、饼图、极坐标和模板等。Origin8.0的二维绘图工具栏将一些复杂的二维图形设计在该栏中的向下的黑三角箭头的子菜单里,单击这些向下的黑三角箭头选择相应的子菜单,可以完成各类复杂二维图形的绘制。例如,单击"BoxChart"上的向下的黑三角箭头,则弹出统计类的二维图形绘制菜单。二维绘图工具栏最后的一个按钮为二维绘图模板按钮,单击该按钮则打开Origin内置的二维绘图模板。

(5)二维绘图扩展(2D Graphs Extended)工具栏。二维绘图扩展工具栏是二维绘图工具栏的扩充,包括样条连接、条形图、直方图等各种绘图形式,以及多屏绘图模板工具。

(6)三维和等值线绘图(3D and Contour Graphs)工具栏。当Origin工作簿、Excel工作簿或Matrix为活动窗口时,可使用三维和等值线绘图工具栏。该工具栏包括各种三维表面图和等高线图等工具。Origin8.0将各类的三维和等值线图分类放在向下的黑三角箭头相应的图形子菜单里,单击这些向下的黑三角箭头,选择相应的子菜单,可以绘制各种三维和等值线图。三维和等值线绘图工具栏前两个按钮用于Origin工作簿、Excel工作簿、三维和等值线绘图;其余的按钮用于矩阵数据绘图。

(7)三维旋转(3D Rotatim)工具栏。当活动窗口为三维图形时,可使用三维旋转工具栏。该工具栏包括三维图形顺逆时针旋转、上下左右倾斜等工具。

(8)工具(Tools)工具栏。工具工具栏提供数据选取,数据屏蔽,添加文本、线条和箭头,此外,还提供图形局部放大、数据读取等工具。Origin8.0的工具工具栏将各类的工具分类在向下的黑三角箭头相应的图形子菜单里。

(9)工作表数据(Worksheet Data)工具栏。当工作表为活动窗口时,工作表数据工具栏提供行、列统计,排序等工具和用函数对工作表进行赋值。

(10)列(Column)工具栏。当工作表中的列被选中时,列工具栏提供列的XYZ属性设置、列的绘图标识和列的移动等。

(11)版面设计(Layout)工具栏。当版面设计窗口为活动窗口时,可使用版面设计工具栏。版面设计工具栏提供在版面设计窗口中添加图形和工作表。

(12)屏蔽(Mask)工具栏。当工作表或图形为活动窗口时,屏蔽工具栏提供屏蔽数据点进行分析、屏蔽数据范围、解除屏蔽等工具。

(13)对象编辑(Object Edit)工具栏。当活动窗口中一个或多个对象被选中时，对象编辑工具栏提供对象上下左右对齐、对象置前或置后和对象组合等工具。

(14)图形风格(Style)工具栏。当编辑文字标签或注释时，可使用图形风格按钮对其进行格式化，图形风格工具栏还提供图形的颜色充填、符号的颜色、表格边框和线条的格式化等。

(15)字体格式(Format)工具栏。当编辑文字标签和工作表时，可使用字体格式按钮。字体格式工具栏提供不同字体类型、上下标及不同字体的希腊字母等。

(16)箭头(Arrow)工具栏。该工具栏包括使箭头水平、垂直对齐、箭头增大或减小、箭头增长或缩短等工具。

(17)自动更新(Auto Update)工具栏。自动更新工具栏仅有一个按钮，在整个项目中为用户提供了自动更新开关(ON/OFF)。默认时为自动更新开关为打开状态(ON)，进行更新时，可单击该按钮关闭自动更新。

(18)数据库存取(Database Access)工具栏。该工具栏是为快速从数据库中输入数据而特地设置的。

4.窗口类型

Origin8.0 为图形和数据分析提供多种窗口类型。这些窗口包括 Origin 多工作表工作簿(Workbooks)窗口、多工作表矩阵(Matrix)窗口、Excel 工作簿窗口、绘图(Graph)窗口、版面设计(Layout page)窗口和记事本(Notes)窗口。

一个项目文件中的各窗口是相互关联的，可以实现数据的实时更新。例如，当工作表中的数据被改动之后，其变化能立即反映到其他窗口中去，比如绘图窗口中所绘数据点可以立即得到更新。然而，正因为它功能强大，其菜单界面也就较为繁杂，且当前激活的窗口类型不一样时，主菜单、工具栏结构也不一样。Origin 工作空间中的当前窗口决定了主菜单、工具栏结构和菜单条、工具条能否选用。

1)Origin 多工作表工作簿(Workbooks)窗口

Origin 多工作表工作簿的主要功能是输入、存放和组织 Origin 中的数据，并利用这些数据进行统计、分析和绘图。每个工作簿中的工作表可以多达 121 个，而每个工作表可以存放 1000000 行和 10000 列的数据。通过对其中列的配置，不同列可以存放不同类型的数据。工作表窗口最上边一行为标题栏，A、B 和 C 等是数列的名称；X 和 Y 是数列的属性，其中，X 表示该列为自变量，Y 表示该列为因变量。可以双击数列的标题栏，打开【Worksheet Properties】对话框改变这些设置。工作表中的数据可直接输入，也可以从外部文件导入，最后通过选取工作表中的列完成绘图。

2)绘图(Graph)窗口

绘图窗口相当于图形编辑器，用于图形的绘制和修改。每一个绘图窗口都对应着一个可编辑的页面，可包含多个图层、多个轴、注释及数据标注等多个图形对象。

3)版面布局设计(Layoutpage)窗口

版面布局设计窗口是用来将绘出的图形和工作簿结合起来进行展示的窗口。当需要在版面布局设计窗口展示图形和工作簿时，通过选择菜单【File】→【New】菜单下的

【Layout】命令或单击标准工具栏中按钮,在该项目文件中新建一个版面布局设计窗口,并在该版面布局设计窗口中添加图形和工作簿等。在版面布局设计窗口里,工作簿、图形和其他文本等都是特定的对象,除不能进行编辑外,可进行添加、移动、改变大小等操作。用户通过对图形位置进行排列,可设置自定义版面布局设计窗口,以 PDF 或 EPS 文件等格式输出。

4)Excel 工作簿窗口

通过 Origin 中【File】→【Open Excel】命令,可打开 Excel 工作簿并用其数据进行分析和绘图。当 Excel 工作簿在 Origin 中被激活时,主菜单中包括 Origin 和 Excel 菜单及其相应功能,在 Origin 中打开的 Excel 工作簿窗口如图 9-9 所示。在 Origin 中能方便嵌入 Excel 工作簿是 Origin 的一大特色,方便了与办公软件的数据交换。

用右键单击嵌入在 Origin 中的 Excel 工作簿的单元格时,可以打开 Excel 快捷菜单,如图 9-10(a)所示;而用右键单击嵌入在 Origin 中的 Excel 工作簿的标题栏时,则打开 Origin 快捷菜单,如图 9-10(b)所示。用该方法可方便地在 Origin 与 Excel 之间进行切换。

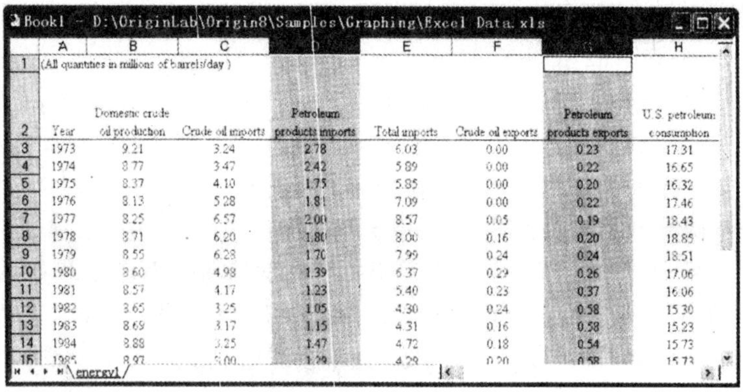

图 9-9　嵌入在 Origin 中 Excel 工作簿

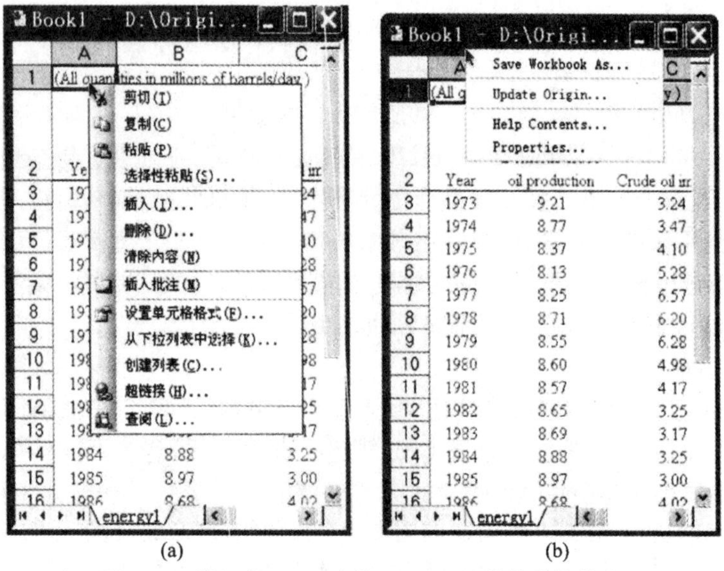

(a)　(b)

图 9-10　嵌入在 Origin 中的 Excel 工作簿的快捷菜单

5) 多工作表矩阵(Matrix)窗口

与 Origin8.0 中多工作表工作簿相同,多工作表矩阵窗口也可以有多个矩阵数据表构成。图 9-11 为典型的多工作表矩阵窗口。当新建一个多工作表矩阵窗口时,默认时矩阵窗口和工作表分别以“MBookl”和“MSheetl”命名。矩阵数据表用特定的行和列来表示与 X 和 Y 坐标对应的 Z 值,可用来绘制等高线图、3D 图和表面图等。矩阵数据表没有列标题和行标题,默认时用其列和行对应的数字表示。利用该窗口可以方便地进行矩阵运算,如转置、求逆等,也可以通过矩阵数据表直接输出各种三维图表。Origin 有多个将工作表转变为矩阵的方法,如在工作表被激活时,选取菜单命令【Worksheet】→【Convert to Matrix】。

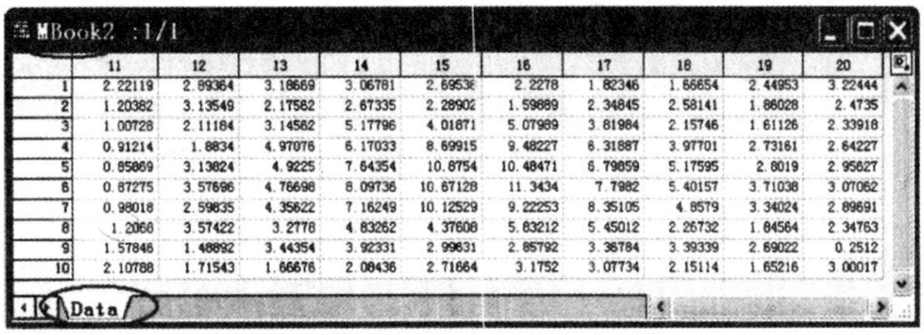

MBook2 :1/1

	11	12	13	14	15	16	17	18	19	20
1	2.22119	2.89364	3.18669	3.06781	2.69536	2.2278	1.82346	1.66654	2.44953	3.22444
2	1.20382	3.13549	2.17562	2.67335	2.28902	1.59889	2.34845	2.58141	1.86028	2.4735
3	1.00728	2.11184	3.14562	5.17796	4.01871	5.07989	3.81984	2.15746	1.61126	2.33918
4	0.91214	1.8834	4.97076	6.17033	8.69915	9.48227	6.31887	3.97701	2.73161	2.64227
5	0.85869	3.13824	4.9225	7.64354	10.8754	10.48471	6.79859	5.17595	2.8019	2.95627
6	0.87275	3.57696	4.76698	8.09736	10.67128	11.3434	7.7982	5.40157	3.71038	3.07062
7	0.98018	2.59835	4.35622	7.16249	10.12529	9.22253	8.35105	4.8579	3.34024	2.89691
8	1.2068	3.57422	3.2778	4.83262	4.37608	5.83212	5.45012	2.26732	1.84564	2.34763
9	1.57846	1.48892	3.44354	3.92331	2.99631	2.85792	3.36784	3.39339	2.69022	0.2512
10	2.10788	1.71543	1.66676	2.08436	2.71664	3.1752	3.07734	2.15114	1.65216	3.00017

Data

图 9-11　多工作表矩阵窗口

6) 记事本(Notes)窗口

记事本窗口是 Origin 用于记录用户使用过程中的文本信息,它可以用于记录分析过程,与其他用户交换信息。跟 Windows 的记事本类似,其结果可以单独保存,也可以保存在项目文件里。单击标准工具栏中按钮通,则可以新建一个“Notes”记事本窗口。

7) 结果记录(Results Log)窗口

结果记录窗口是由 Origin 记录运行“Analysis”菜单里的命令自动生成的保存,如线性拟合、多项式拟合、S 曲线拟合的结果,每一项记录里都包含了运行时间、项目的位置、分析的数据集和类型,以便于查对校核。结果记录窗口与其他窗口一样在桌面上是可以移动的,可以根据需要用鼠标移动到 Origin 工作空间的任何位置。可通过选择菜单命令【View】→【Results Log】,或单击标准工具栏中的按钮将其打开或关闭。

8) 代码编辑器(CodeBuilder)窗口

OriginC 是 Origin 的编程语言,它支持 ANSIC 语言和 C++内部和 DLL 外部类功能。OriginC 的集成开发环境(IDE)为代码编辑器。可通过选择菜单命令【View】→【CodeBuilder】,或在标准工具栏中单击按钮,打开代码编辑器。在代码编辑器中可完成函数代码输入、编译和函数调试。当 OriginC 函数通过编译后,可在 Origin 中调用。

9) 命令(Command)窗口

命令窗口保留了以前版本的用户在 Script 窗口输入和执行命令的功能,它由“Command”面板和“History”面板两部分组成。可通过选择菜单命令【View】→【Command Window】,或在标准工具栏中单击 Ml 按钮,打开或关闭命令窗口。

5.项目管理器

项目管理器(Project Explorer,简称 PE)是帮助组织 Origin 项目的有力工具。如果项目中有多个窗口，那么项目管理器将显得尤为重要。通过项目管理器可建立一个管理项目文件夹，并用项目管理器观察 Origin 的工作空间。可通过选择菜单命令【View】→【Project Explorer】，或在标准工具栏中单击 3 按钮，打开或关闭项目管理器。Origin 典型的项目管理器如图 9-12 所示，它由文件夹面板和文件面板两部分组成。Origin 项目管理器提供了强大的组织管理功能。鼠标停留在项目文件夹的名字上时，单击右键，将弹出图 9-13 所示的项目文件夹功能快捷菜单。项目管理器快捷菜单的功能包括建立文件夹结构功能和组织管理功能两类。其中【Append Project...】命令可以将其他的项目文件添加进来，构成一个整体项目文件，用该功能对合并多个 Origin 项目文件非常方便。项目管理器除能管理 Origin 的各种文件外，还可以管理第三方的文件，如图形文件、Word 文档或 PDF 文档等，这样就大大方便了一个实验内容的文件管理。

Project Explorer

pid582

文件夹面板

Name	Type	View	Size	Modified	Created	Dependents
BETOSL	Workbook	Mi...	23KB	1999-8-...	1999-8-5 09:47	2
D:\Origin...	Excel	No...	7KB	2008-4-...	2008-4-2 20:16	0
Data1	Workbook	Hi...	8KB	1999-8-...	1999-8-5 09:47	1
Data2	Workbook	Hi...	10KB	1999-8-...	1999-8-5 09:47	1
Graph1	Graph	Mi...	36KB	1999-8-...	1999-8-5 09:47	1
Layout1	Layout	Mi...	6KB	2008-4-...	2008-4-2 14:40	NA

文件面板

图 9-12　项目管理器

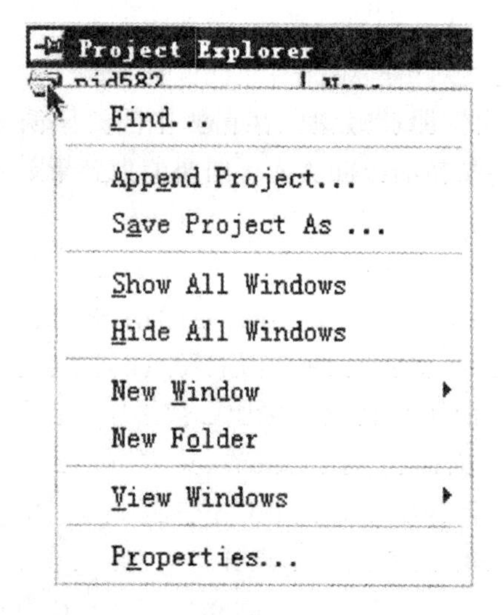

图 9-13　项目文件夹功能快捷菜单

1）文件夹和子窗口的建立与调整

（1）项目文件夹命名。在项目管理器的左侧是当前项目的文件夹结构，最顶层的文件夹称为项目文件夹，它总是根据项目文件来命名的。如通过选择菜单命令【File】→【New】→【Project】新建一个项目，那么项目和项目文件夹的名称默认时为“Untitled”。

（2）新建文件夹。如果要在项目管理器中用项目文件夹功能快捷菜单建立文件夹结构，可在项目管理器项目文件夹中用右键单击，选择“New Folder”命令，一个“Folder”的文件夹将同时出现在项目管理器的左右两栏中。此时右栏中新建的子文件夹处于激活状态，可对此新建的子文件夹重新命名。

(3)新建子窗口。在项目文件夹功能快捷菜单中选择“New Window”,新建子窗口类型如图 9-14 所示,即可以新建工作表(Worksheet)、绘图(Graph)、矩阵(Matrix)、Excel 工作簿、记事本(Notes)、版面布局设计(Layout)和函数(Function)7 种子窗口。

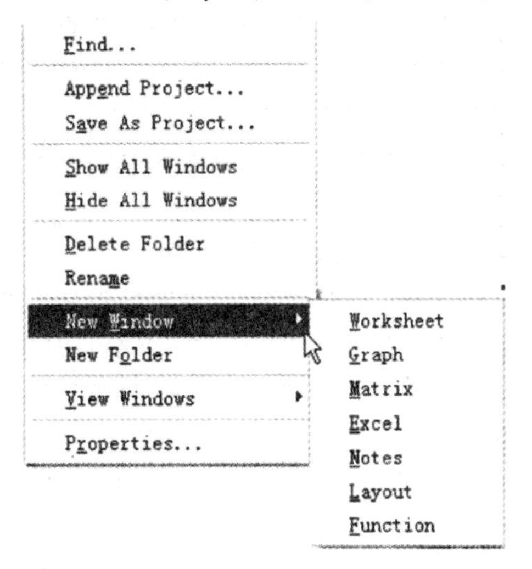

图 9-14 新建子窗口类型

(4)移动子窗口。在建立文件夹结构之后,可以在文件夹之间移动窗口。首先在当前激活的文件夹中选择窗口(Origin8.0 支持 Windows 操作系统中“Shift+单击文件”和“Ctrl+单击文件”的选取文件方法),然后用鼠标将其拖曳到目标文件夹即可。

(5)删除和重命名。对于窗口和自己建立的文件夹而言,功能快捷菜单比项目文件夹的功能快捷菜单多出一类功能,即文件夹的删除和重命名功能。如果项目文件夹是随 Origin 项目而建立和命名的,则不能单独删除和重命名。

2)文件夹和子窗口的组织管理

(1)工作空间视图的控制。在图 9-15 项目文件夹功能快捷菜单中选择“View Windows”,则弹出视图模式选择菜单,有“None”不显示子窗口、“Windows in Active Folder”只显示当前选定的文件夹内的子窗口(默认)和“Windows in Active Folder & Subfolders”显示当前选定的文件夹及其子文件夹内的子窗口 3 种选择。

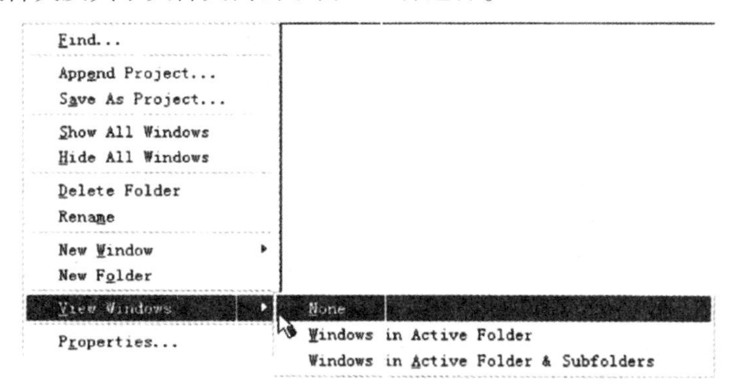

图 9-15 视图模式选择菜单

(2)查看项目文件夹属性。在项目文件夹图标上单击鼠标右键,在弹出的快捷菜单中选择“Property...”,系统将弹出一个文件夹属性对话框,列出了文件夹名称、大小、在项目管理器中的路径、创建和最近修改的时间等属性信息。

(3)查看子窗口属性。在项目管理器右栏的子窗口图标上单击鼠标右键,在弹出的快捷菜单中选择“Property...”,系统将弹出一个子窗口属性对话框,列出子窗口的名称、标注、类型、位置和大小。在对话框中可以编辑子窗口的标注属性。另外,对话框中也列出了子窗口的相关数目、创建和最近修改的时间,以及子窗口的状态等。

(4)查找子窗口。当项目管理器中的文件夹很多时,人工查找某个子窗口将非常费时。Origin8.0 提供了自动查找子窗口功能,能方便快速查找到所要的文件。查找子窗口时,在文件夹图标上单击鼠标右键,从弹出的快捷菜单中选择“Find...,则弹出图 9-16 所示的对话框。在对话框中输入子窗口名称,其操作方法与 Windows 中的操作方法基本相同。

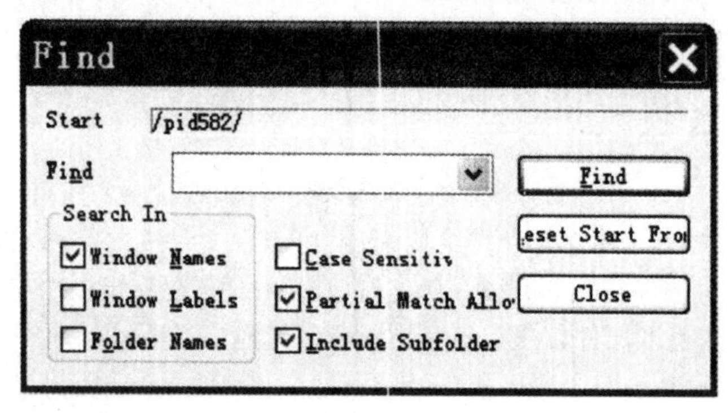

图 9-16 查找子窗口对话框

(5)项目管理器打开/关闭状态切换。为了组织管理 Origin 项目,有时需要打开项目管理器,但是,有时为了扩大工作空间,又需要关闭它。在 Origin8.0 中,有以下两种方法切换项目管理器打开/关闭开关:

①选择菜单命令【View】→【Project Explorer】。

②单击标准工具栏上的命令按钮。

(6)保存项目文件。Origin8.0 项目管理器中的内容和组织结构是具体针对当前项目的。当保存项目时,项目管理器的文件结构也同时保存在项目文件(扩展名为 opj)中。

二、Origin8.0 基本操作

从资源管理的角度而言,Origin8.0 的基本操作包括对项目文件的操作和对子窗口的操作两大类。

1.项目文件操作

Origin 对项目文件的操作包括新建、打开、保存、添加、关闭、退出等操作,这些操作都可以通过选择“File”菜单下相应的命令来实现。

1)新建项目

如果要新建一个项目,可以选择菜单命令【File】→【New】,弹出新建对话框。从列表框中选择“Project”,单击“OK”按钮,这样 Origin 就打开了一个新项目。如果这时已有一个打开的项目,Origin8.0 将会提示在打开新项目以前是否保存对当前项目所作的修改。

在默认情况下,新建项目同时打开了一个工作表。可以通过【Tool】→【Options】命令,打开项目选项对话框“Open/Close”选项卡,修改新建项目时打开子窗口的设置。【Options】窗口“Open/Close”选项卡如图 9-17 所示。

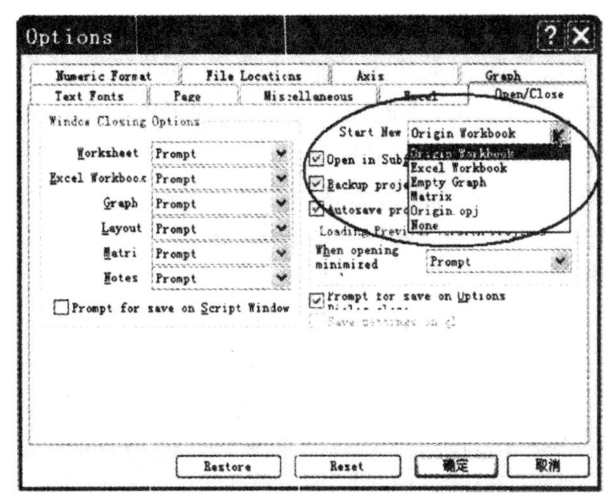

图 9-17　【Options】窗口“Open/Close”选项卡

2)打开已存在项目

要打开现有的项目,可选择菜单命令【File】→【Open】,系统将弹出【打开】对话框,如图 9-18 所示。在文件类型的下拉列表中选择“Project(* .opj)”,然后在文件名列表中选择所要打开项目的文件名,单击“打开”命令按钮,打开该项目文件。在默认时,Origin8.0 打开项目文件的路径为上次打开项目文件的路径。Origin8.0 一次仅能打开一个项目文件,如想同时打开两个项目文件,可以采用运行两次 Origin8.0 软件的方法实现。

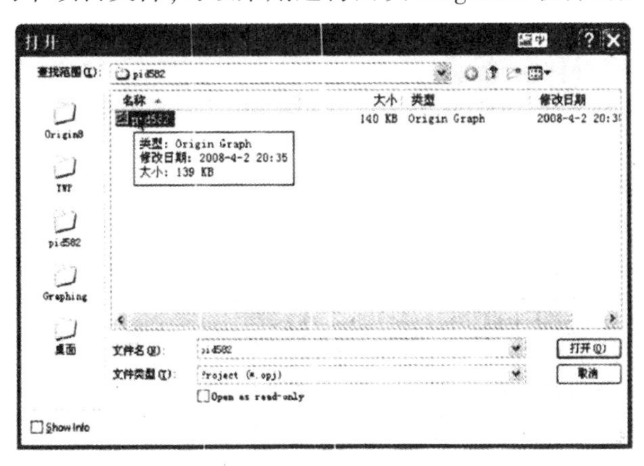

图 9-18　【打开】对话框

3)添加项目

添加项目是指将一个项目的内容添加到当前打开的项目中去。实现此功能有以下两种途径：

（1）选择菜单命令【File】→【Append...】。

（2）在项目管理器的文件夹图标上单击鼠标右键，弹出快捷菜单，选择“Append Project…”，单击【打开】对话框。选择需要添加的文件，单击“打开”命令按钮，完成添加项目。

4）保存项目

选择菜单命令【File:】→【Save Project】保存项目。如果该项目已存在，Origin 保存该项目的内容时，就没有任何提示。如果这个项目以前没有保存过，系统将会弹出【Save As】对话框，默认时项目文件名为“UNTITLED.opj”。在文件名文本框内输入文件名，单击“保存”按钮，即可保存项目。如果需要以用户的文件名保存项目，选择菜单命令【File】→【Save Project As...】，即可打开保存项目的对话框，输入用户项目文件名进行保存。

5）自动创建项目备份

当对已经保存过的项目文件进行一些修改，需再次保存，希望在保存修改后项目的同时，把修改前的项目作为备份，这就需要用到 Origin 的自动备份功能。选择菜单命令【Tools】→【Option】，在打开的对话框内选择“Open/Close”选项卡，选中“Backup project before saving”复选框，如图 9-19 所示。单击“确认”命令按钮，即可实现在保存该项目文件前自动备份功能。备份项目文件名为“BACKUP.opj”，存放在用户子目录下。如选中该窗口中“Autosave project every xx minute”复选框，则 Origin8.0 将每隔一定时间自动保存当前项目文件，默认时自动保存时间间隔为 5 分钟。

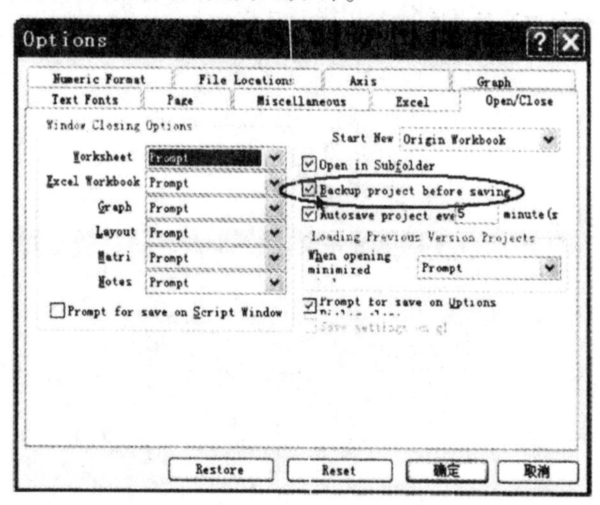

图 9-19　选中“Backup project before saving”复选框

6）关闭项目和退出 Origin8.0

在不退出 Origin 的前提下关闭项目，选择菜单命令【File】→【Close】。如果修改了当前要关闭的项目，Origin 将会提醒是否存盘。退出 Origins 8.0 有以下两种方法：

（1）选择菜单命令【File】→【Exit】。

（2）单击 Origin 窗口右上角的图标。

2.窗口操作

Origin 是一个多文档界面(Multiple Document Interface,简称 MDI)应用程序,在其工作空间内可同时打开多个子窗口,但这些子窗口只能有一个是处于激活状态,所有对子窗口的操作都是针对当前激活的子窗口而言的。对子窗口的操作主要包括打开、重命名、排列、视图、删除、刷新、复制和保存等操作。

1)从文件打开子窗口

Origin 子窗口可以脱离创建它们的项目而单独存盘和打开。要打开一个已存盘的子窗口,可选择菜单命令【File】→【Open】,弹出【打开】对话框,选择文件类型和文件名。文件类型、扩展名和子窗口的对应关系如图 9-20 中下拉列表框所示。

图 9-20　文件类型、扩展名和子窗口的对应关系

2)新建子窗口

在标准工具栏单击图 9-21 中新建子窗口其中一个按钮,即完成新建相应子窗口。如单击按钮,则新建一个 Origin 多工作表工作簿窗口。

图 9-21　标准工具栏中的新建子窗口按钮

3)子窗口重命名

激活要重命名子窗口,用右键单击该窗口标题名称,选择菜单命令【Properties...】,在弹出的【Window Properties】窗口中进行重命名。图 9-22 所示为将一个 Origin 多工作表工作簿窗口重命名为“我的工作簿”窗口。

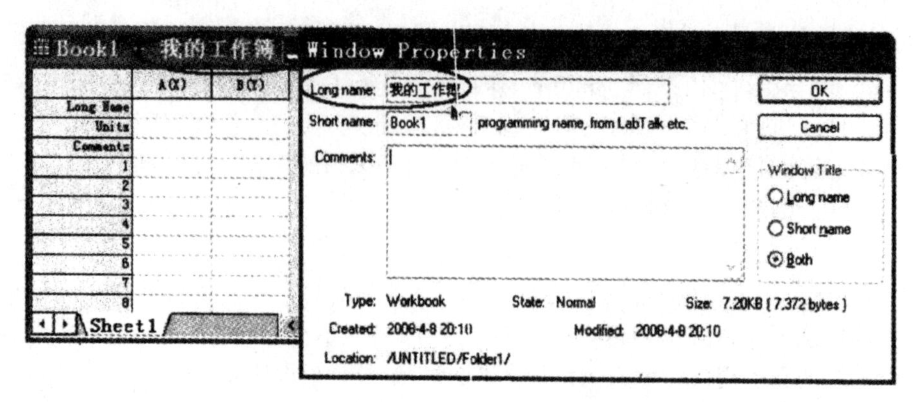

图 9-22　重命名 Origin 多工作表工作簿

4)刷新子窗口

如果修改了工作表或绘图子窗口的内容,Origin 将会自动刷新相关的子窗口。但偶尔可能由于某种原因,Origin 没有正确刷新。这时,只要在标准工具栏中选择,即可刷新当前激活状态的子窗口。

5)复制子窗口

Origin 中的工作表、绘图、函数图、版面设计等子窗口都可以复制。激活要复制的子窗口,在标准工具栏中选择菜单命令即可。Origin 用默认命名的方式为复制子窗口命名,默认名中 N 是项目中该同类窗口默认文件名的最小序号。

6)子窗口保存

除版面设计子窗口外,其他子窗口可以保存为单独文件,以便在其他的项目中打开。保存当前激活状态窗口的菜单命令为【File】→【Save Window As】。Origin 会打开【Save As】对话框,并根据窗口类型自动选择文件扩展名,选择保存位置,输入文件名,则完成当前子窗口的保存。

7)子窗口模板

Origin 根据相应子窗口模板来新建工作簿、绘图和矩阵子窗口,子窗口模板决定了新建子窗口的性质。例如,新建工作簿窗口,子窗口模板决定了其工作表列数,每列绘图名称和显示类型,输入的 ASCII 设置等;新建绘图窗口,子窗口模板决定了其图层数,X、Y 轴的设置和图形种类等。Origin 提供了大量内置模板,例如,提供了大量绘图模板。此外,Origin 还提供了一个模板库,用于绘图模板的分类和提取。当 Origin 工作簿窗口或 Excel 工作簿窗口激活时,选取菜单命令【Plot】→【Template Library】,可打开模板选择对话框,如图 9-23 所示。通过选择相应的模板可以方便地进行绘图。在该模板选择对话框中,可以看到相应的模板文件名和该图形的预览。

通过修改现有模板或新建的方法创建自己的模板。方法是按内置模板打开一个窗口,根据需要修改该窗口后,将该窗口另存为模板窗口。例如,在默认的情况下 Origin 工作簿打开时为 2 列表,在该基础上增加 2 列表;选取菜单命令【File】→【Save Template As...】,打开模板保存对话框,若在“category”选择“Built-in”,则以后新建 Origin 工作簿时就为 4 列表了。

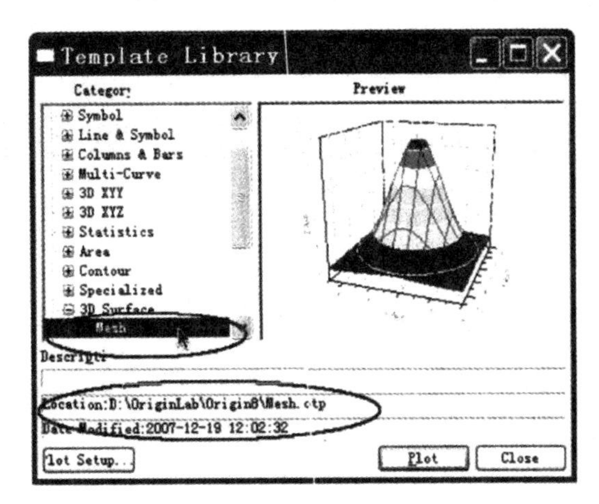

图 9-23　模板选择对话框

第十章 Origin 编程及数据传递

第一节 Origin 编程

一、OriginC 编程简介

1.OriginC 简介

LabTalk 为早期 Origin 内置的另一个编程语言，Origin7.0 以前的版本均常用 LabTalk 进行编程。为了兼容 Origin7.0 以前的版本，Origin7.5 仍然保存了 LabTalk 编程语言。但 LabTalk 编程语言为解释性语言，有些功能实现较为复杂，运行速度慢，无法满足大量数据处理的需要。为改变这一现象，根据软件的发展趋势，2002 年，OriginLab 公司调整了 Origin 软件的编程语言策略。在推出的 Origin7.0 中，采用了目前已经为大多数用户熟悉的 C 编程语言作为 Origin 软件的编程语言的基础，在标准版和专业版中都提供了专用 OriginC 代码编程环境。OriginC 是编译性语言，速度较 LabTalk 提高近 20 倍，这使得 Origin 软件使用更方便，能及时处理大批数据，更容易被用户接受。此外，为使以前的 LabTalk 程序仍可使用，OriginLab 公司提供了相应的转换序，使以前的 LabTalk 程序能通过转换转变为 OriginC 程序。由于 OriginC 的内容非常丰富，在很多方面与 C 语言相同，为避免与 C 语言重复，对 C 语言的语法不介绍。因此，要求读者在阅读这部分内容时，应有一定 C 语言的基础。

OriginC 的集成开发环境（IDE）称为“CodeBuilder”。单击标准工具栏上的“CodeBuilder”按钮，打开 OriginC 的 IDE，如图 10-1 所示。OriginC 的 IDE 提供了编辑、调试和编译 OriginC 语言程序的功能。有多种方法可以调用 OriginC 编写的程序。例如，可以对标准工具栏上的“CustomRoutine”按钮进行编程定制操作过程。再例如，可以对不同窗口中的对象进行编程；创建新的工具按钮和菜单命令等。此外，OriginC 函数可以在 Origin 中的很多对话框中，如【NLFit】和【SetColumnValues】对话框中进行调用。

2.创建和编译 OriginC 程序

在 Origin8.0 中，打开 OriginC 集成开发环境（IDE）。在 IDE 中单击“新建”按钮，在【NewFile】对话框中选择 C 文件类型；在“FileName”文本框中输入文件名“MyFunction”，选择“Add to Workspace”和“Fill with default content”复选框。单击“OK”按钮，则在“Code Builder”的多文档界面（Multiple Document Interface，简称 MDI）中创建一个新的原程序。像所有 C 语言程序一样，OriginC 在原程序中须含有一个头文件。OriginC 的头文件主要有：#include<origin，h>。

在 OriginC 集成开发环境中输入“AsymGauss”函数。OriginC 集成开发环境（IDE）中的原程序须编译和链接后才能使用。单击 IDE 中的“Build”按钮进行编译和链接。编译

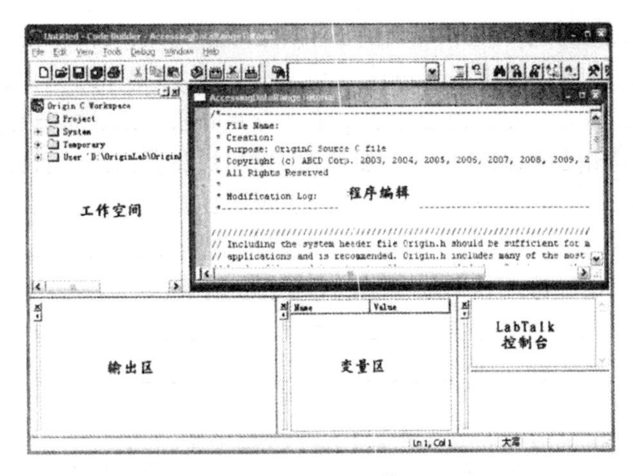

图 10-1　Origin C 的 IDE

和连接成功后显示有相应的提示信息。通过在 IDE 的 LabTalk 控制台中输入“asymgauss(1,2,3,4,5,6)=”文本,则在其下栏中输出计算结果,如图 10-2 所示。通过这种方法,可以检验编译的“asymgauss”函数正确与否。

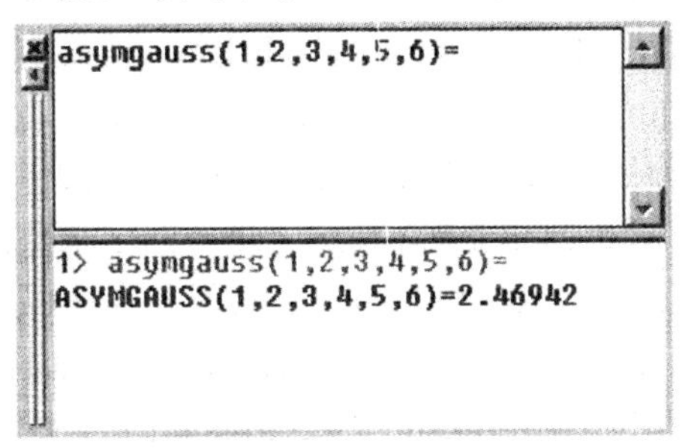

图 10-2　在 LabTalk 控制台中检验“asymgauss”函数

3.使用创建的 OriginC 函数

当成功创建了 OriginC 函数后,就能在 Origin 的【Script Widow】窗口中调用。例如,用“asymgauss”函数对工作表中的列输入“asymgauss”函数值的步骤如下:

(1)在 Origin 打开一个工作表 Datal,在工作表 A 列输入自然数 1~30。

(2)再选中 B 列,选择菜单命令【Column】→【Set Column Values】,打开【Set Column Values】对话框;输入“asymgauss(col(a),2,3,4,5,6)”。

(3)单击“OK”按钮,则工作表中 B 列输入了对应于 A 列的“asymgauss”函数计算值。

4.Origin 服务器/客户应用程序自动操作

Origin 会泛通过 VisualBasic、VisualC++、Excel、MATLAB 和 LabVIEW 等编程用于自动服务程序。通过这些客户应用程序与 Origin 连接,与这些软件交换数据并在 Origin 发出指令。VisualBasic、VisualC++、Excel、MATLAB 和 LabVIEW 与 Origin 连接的自动服务程序例子存放在\Samples\Automation Server 子目录下。

OriginPro8.0 除上述功能外,还具有自动操作客户应用程序的功能,例如,通过 OriginC 编程自动操作 MicrosoftOffice 和 LabVIEW 等软件。可以通过 OriginC 编程实现 OriginPm8.0 与 Excel 间数据传递,在 Origin 软件中进行分析和绘图,最后在 Word 软件中

创建定制的报告。该部分的例子存放在\Samples\COMClient子目录下。下面举例说明:

(1)打开\Samples\COMClient\MSOffice\Excellmport.opj项目文件。

(2)这时打开了Excel工作簿,该工作簿仅有表头。在【Classic Script Window】窗口或Command窗口输入“Excellmport”命令,则可看到此时Excel工作簿列出了Origin的X-Functions明细。这样就实现了将Origin的X-Functions明细输出到Excel工作簿中。

第二节 数据传递

一、X-Functions

X-Functions技术提供了用于建立Origin工具一种新的结构化编程环境。这种编程技术在Origin8.0软件中被大量采用,有很多分析工具和数据处理工具都是通过X-Functions实现的。Origin8.0提供的大量内置X-Functions,以XML文件格式、oxf扩展名存放在软件的\X-Functions子目录下。在Origin8.0帮助中可以获得有关内置的X-Fimctkms函数的详细信息。

一个X-Functions函数的核心是一个实现特定功能的OriginC函数。除了OriginC代码,X-Functions还包含了输出、输入和如何调用等信息。当X-Functions函数被定义和调试后,Origin将给用户提供GUI界面、编程环境界面等多种方法访问该X-Functions函数。通过使用X-Functions技术,用户只需将主要精力放在数据处理的编程中,而不必考虑用户界面的编程。

二、ClassicScript窗口和Command窗口

Origin8.0有很多分析工具和数据处理工具,ClassicScript窗口和Command窗口提供了一种极为便捷的方法来运行这些工具。

参考文献

[1]周芬，王文. 大数据可视化[M]. 北京:清华大学出版社，2016.

[2]PhilSimon. 大数据可视化[M]. 北京:人民邮电出版社，2015.

[3]陈明. 大数据可视化分析[J]. 计算机教育，2015(5):94-97.

[4]王艺，任淑霞. 医疗大数据可视化研究综述[J]. 计算机科学与探索，2017(5).

[5]贺群，杨明川. 基于 WebGS 的大数据可视化研究与优化 I[J]. 电信技术，2015(6):37-40.

[6]谢然. 大数据可视化之美[J]. 互联网周刊，2014(11):32-34.

[7]陈为. 大数据可视化与可视分析[J]. 金融电子化，2015(11):62-65.

[8]PhilSimon，西蒙，漆晨曦. 大数据可视化:重构智慧社会[M]. 北京:人民邮电出版社，2015.

[9]崔迪，郭小燕，陈为. 大数据可视化的挑战与最新进展[J]. 计算机应用，2017(7):226-231,238.

[10]陈小燕，干丽萍，郭文平. 大数据可视化工具比较及应用[J]. 计算机教育，2018，No.282(6):100-105.

[11]朱向雷，唐兰文，邵学彬. WebGL 在大数据可视化系统中的方法研究[J]. 计算机光盘软件与应用，2013(22):96-97.

[12]陈军，谢卫红，陈扬森，等. 国内外大数据可视化学术论文比较研究——基于文献计量与 SNA 方法[J]. 科技管理研究，2017(8).

[13]徐巧云，诸纪，陆雯珺. 医疗大数据可视化系统架构研究与实践[J]. 现代计算机(专业版)，2017(30):29-32.

[14]基于 SuperMap 的空间大数据可视化技术研究与应用[J]. 测绘与空间地理信息，2017(12).

[15]付长军，乔宏章. 大数据可视化技术探析[J]. 无线电通信技术，2017(5).

[16]陈炜. 大数据可视化技术在智能化行业中的应用[J]. 智能建筑，2017(8).

[17]吴义. 基于 Hadoop 和 Django 的大数据可视化分析 Web 系统. 2016.

[18]代双凤，董继阳，薛健. 科学计算中大数据可视化分析与应用[J]. 工程研究-跨学科视野中的工程，2014(3).

[19]曾悠. 大数据时代背景下的数据可视化概念研究[D]. 杭州:浙江大学，2014.

[20]高立伟. 关于大数据时代数据信息可视化的研究[J]. 电子世界，2013(16).

四、时序数据的可视化